PLASTIQUE, LE GRAND EMBALLEMENT

プラスチックと歩む

その誕生から持続可能な世界を目指すまで

ナタリー・ゴンタール
エレーヌ・サンジエ
Nathalie Gontard
Hélène Seingier
臼井美子 監訳

原書房

プラスチックと歩む

その誕生から持続可能な世界を目指すまで

目次

序章

　まもなく二一世紀が始まろうという頃、モンペリエ大学の五階にある私の研究室でのことだった。南に面したその部屋には大きなガラス窓があり、その雨戸のハンドルはずいぶん前から壊れていた。そのため、窓辺には常に陽がさんさんと降り注いでいた――これはあとの話に関わってくるので覚えておいてほしい。研究者となって一五年経っていた私は、当時、世界の様々な場所を訪れてプラスチックの研究を行っていた。プラスチックというこの素晴らしい発明品に、私は大いに興味をそそられていた。この素材で作られたおびただしい数の日用品のおかげで私たちの生活は楽になり、ずいぶん時間の節約ができるようになっていた。プラスチックは人類の途方もない夢を叶えてくれるものと考えられており、実際、誕生からほんの二、三〇年の間に、プラスチックはなくてはならないものとなっていた。

　ある金曜日のことだった。夜の七時半頃、私は研究室の掃除をしていた。数ヶ月前から仕事に追われる日が続いていたため、数十冊もの科学雑誌がまだプラスチックの袋に入ったまま、窓の前に積み上げられていた。私は一冊、また一冊と袋を破って雑誌を取り出し、研究チームのメンバーに渡せるようなテーマを探して雑誌に目を通しながら、春の大掃除のつもりでこの雑誌の山を片づけていた。

そうして三〇冊ほど袋から取り出していくと、下の方にあった雑誌の袋が細かい破片になっていた。さらにその下の雑誌の袋は粉々になっている。最初はなんとも思っていなかったが、まもなく、その細かいプラスチックの粒子で部屋がくもっていることに気がついた。「たいしたことじゃないわ。明日掃除すればいいんだから」。そう思いながら私は作業を続けた。

だが、突然、息苦しさに襲われた。そして、すぐに呼吸ができなくなった。必死に咳をしようとしたが、事態はどんどん悪くなる。喉が容赦なく締めつけられ、まったく息ができない。私はパニックに陥った。助けを呼ぶために部屋から出ようとしたが、視界がかすんでドアのところに行くこともできない。運の悪いことに、金曜の夜だった。週末を過ごすため、皆、すでに帰宅していた。建物にいるのは私一人だけだった。

どうやって部屋から出たのかわからない。だが、気がつくと、私は息を切らし、涎《よだれ》を垂らしながら廊下を這っていた。長い時間そうしていたあと、とうとう、肺に細い空気の筋が弱々しく流れ込んできた。私は大きな安堵感に包まれた。それからは、少しずつ少しずつ、呼吸ができるようになっていった。気管と食道には激痛が走り、目にも違和感があった。

数時間かけて落ち着きを取り戻すと、私は何が起こったのかを理解した。原因は、陽の当たるところに積み上げられた雑誌を包んでいた薄いプラスチックの袋だった。私はこの一見無害なフィルムの粒子によって呼吸困難に陥ったのだ。つまり、包装用の袋が日光によって細かい粒子に変化して、空気中に舞い上がり、それを私が吸い込んでしまったのである。

これがきっかけとなり、私は科学者としてプラスチックに関するより深い知識を身につけて、制御できないこのプラスチックの微細な破片と戦うことを固く決意した。プラスチックの観察や研究、考察を続け、今では三〇年以上になっている。最初はその大いなる可能性という魅力にとりつかれ、私はプラスチックが世界中で使用され、古くから使われてきた素材を次々と「時代遅れ」なものにするのを目にしてきた。だが、プラスチックは浜辺や土壌、そして、気づかぬうちに私たちの体の細胞の奥深くに存在の痕跡を残している。その危険性は目には見えないが大規模なものであり、未来に大きな影響を与えるものである。研究でそれをはっきりと理解して強い不安を抱いた私は、プラスチックほど環境に影響を与えない同類の素材の発明に力を注いだ。そして次には適切なリサイクルという方法を用い、このプラスチックという怪物が増えるのを抑えようと試みた。

今日、人類が自らの発明品であるプラスチックという素材を制御できなくなっていることは明らかだ。天然素材に似せたプラスチック製品やプラスチックの誤った使い方、過剰消費によって、私たちは危険にさらされている。しかも、それを制圧するための「逆発明」はまだできていない。

私がこの本を書いたのは、皆さんを取り巻く状況と、その問題に立ち向かう術をよりよく理解してもらうためである。この本で取り上げるのは、プラスチックのナノ粒子という限りなく小さなものから、地球の未来の話まで、大小様々多岐にわたるものとなる。そうして一緒に時間と空間とをめぐる旅をしていくことになるだろう。最初にお話しするのは、プラスチックの誕生とその歴史、そして戦後の工業化のなかでプラスチックによっていかに快適な生活がもたらされたかということだ。次に、今日のプラスチック事情と併せ、物質的進歩への依存と長く残留するプラスチックがもたらす自然環境不安の間に挟まれた現代生活の矛盾についてお話しする。そして最後に希望を語り、よりよい未来を迎えるために私たちが進むべき道をお伝えしたい。私がここで語るのは、今後、先見の明を持って物語の続きを記していくために必要な、過去六〇年の実話なのである。

第1章 プラスチックの性質への熱狂

第二次世界大戦後の「栄光の三〇年間」と呼ばれる繁栄の時代のホモサピエンス、つまり「現代人」は、プラスチックの魅力にのめり込んだ。だが、これは偶然のことではない。一九世紀の終わりに誕生したときから、世の中が戦後の復興に向けて大変動する時代を通じ、プラスチックは人々を魅了するすべての要素を備えていたのである。

当時の人を代表して、釣りに行くロベール氏、料理をするデュポン夫人、学校に通う少年ジャンを見てみよう。その日の獲物や市場で買った野菜、ノートやお弁当を持ち運ぶため、彼らは、金属製のバケツ（錆《さ》びる）、木箱（場所をふさぐ）、柳で編んだ籠（柔軟性がない）、紙袋（脆《もろ》い）、布のバッグ（水が染み込む）、革製のバッグ（値段が高く、重い）などを使っていた。だが――こうした選択肢に並んで、石油化学の魔法で作られたバッグが現れたのだ。軽くて丈夫でしなやかな上、値段も安くて湿る恐れもない。つまり、プラスチックは誰の目から見ても魅力的な素材だったのだ。

プラスチックは買い物袋や小学生の鞄だけでなく、あらゆる日用品に使われるようになった。

タッパーウェアを初めて使う主婦たちは、ガラスよりも軽くて丈夫なその容器に惚れ込んだ。そしてスポンジで一撫でするだけで汚れが落ちるテーブルクロスや、あっという間に乾いてアイロンもいらないブラウスにすっかり魅了された。

自動車産業と航空産業のエンジニアたちも同じくプラスチックの性質に夢中になった。車体や機体を軽量化し、レーシングカーをより速く走らせるために、これ以上の素材があるだろうか。物事を疑ってかかる人々もこれには脱帽した。では、家の窓の軽量化に最適な素材はなんだろうか。一切れのハムを二週間ほど保存するのに最も好都合な包装材はなんだろう。プラスチックによって、今まで不可能だったSF小説のなかのようなことも実現可能に思われた。

現代人はこうして欲望に身をゆだねた。その結果、人々はプラスチックによってより大きなより速い進歩を遂げながら、プラスチックを高機能化させていった。そして、私たちは自由な時間と便利な生活を約束されたのである。

私が生まれたのは一九六〇年代、西洋の人々がプラスチックに魅了されはじめた頃だった。フランスのベビーブームの子どもたちが皆そうだったように、私の子ども時代の思い出は、わくわくさせてくれるプラスチックで溢れていた。のちに自分がこの素材の専門家になるとは想像もしていない頃のことである。両親は季節労働者で家計に余裕はなかったが、それでも他の家と同じように、私たち兄弟姉妹にみんながほしがるプラスチック製品を買ってくれた。当時の子どもたちの心をつかんでいた代表的なものはポリ塩化ビニル（ＰＶＣ）製のサンダルである。フランス南東部のアルデシュ県にある私の実家のすぐ近くには川があり、このサンダルはその川のなかを歩くのに理想的な履物だった。ときどき砂利に埋もれてしまうことはあったが、水中でちょっとつまずいただけで変形してしまう縄底の布の靴《エスパドリーユ》や、いつまでも乾かない革製のサンダルを時代遅れなものにするには十分だった。

当時、ノーベル賞を選考するスウェーデン王立科学アカデミーも、プラスチックに大いに興奮していた。私が生まれる前年の一九六三年には、合成技術開発の偉大な先駆者であるカール・ツィーグラーとジュリオ・ナッタがともにノーベル化学賞を授与された。エチレンやプロピレンを重合させて高性能のポリエチレンやポリプロピレンの製造を可能にする触媒を見つけた功績によるものだ。今は何のことだかわからなくても、のちほど説明するので安心してほしい。とにかく、この触媒は驚くべき大発見であり、今日、ポリエチレンとポリプロピレンという二つのプラスチックは、包装材の分野で決して無視することのできない二大巨頭となっている。

栄光の三〇年間には、プラスチックは現代性と人間の類稀《たぐいまれ》な力を同時に具現化した奇跡の素材という位置を占めていた。プラスチックは巧妙に、人の心を奪うすべての要素を身にまとい、世界を征服する準備を整えていたのである。一方、私はというと、意図したわけではないが、このプラスチックの普及による時代の変化とともに、プラスチックの第一級の観察者かつ擁護者から、次にはその競争相手となる代替素材の指導者となり、ついにはプラスチックによる健康被害者の保険医へと立場を変えていったのである。

先史時代の話：恐竜と大地震

なぜプラスチックは世界をこんなにも熱狂させたのだろう。プラスチックをこれほどまでに特別な存在にさせたもの、つまり、その分子構造に隠されているの秘密とはいったい何なのだろうか。それが理解できるようになったのは、私が研究者になって数年経ってからのことだった。

ここで、私がこの道に進んだ経緯をお話ししよう。私の家族から見れば、学業というのはまったく役に立たないものだった。厳しい生活を強いられるアルデシュの地を生き抜くためには、良識と節度だけ身につければ十分だということらしい。それでも、何人かの面倒見のよい先生方や政府の奨学金のおかげで、私は工業技術短期大学（ＩＵＴ）に入学でき、その後、農産物加工技術者の養成学校に進学した。だが、この五年間の学業期間中にプラスチックに関する授業を受けることはまったくなかった。私の指導教官たちは食品科学、つまり「バイオロジー（生物学）」の分野に属していたので、石油化学、つまり「合成」の分野は畑違いだったのだ。

けれども、食品包装材として使われるプラスチックには数々の長所があり、私はプラスチックに興味を持つようになっていった。子ども時代に家族からいわれつづけた「役に立つ人になりなさい」という言葉が頭にあったからだろう、私はこの「役に立つ」プラスチックに好奇心を抱き、のめり込んでいった。飛行機のシートやカクテルに添えるストローなど、様々なものに自由に形を変えられるプラスチックは、人類のちょっとした願望を叶えてくれる素晴らしい素材だったのだ。バイオマテリアル（生体材料）と大きく異なり、プラスチックはきわめて実用的で加工性が高いものである。

では、その分子構造には、いったいどのような秘密があるのだろうか。それを理解するためには、時間を太古の昔までさかのぼり、限りなく小さな世界を覗く必要がある。まずは一億五〇〇〇万年前の恐竜の時代。この時代に恐竜に踏まれたり、おそらく咀嚼《そしゃく》されたりしていたもの、つまり、先史時代のプランクトンや藻類、葉状植物その他の有機物が、現在おもちゃやレインコート、コンピュータやロケットなどに使われているプラスチックの元となる物質だと考えられている。

この先史時代の有機物が、石炭、石油、天然ガスに姿を変えるのには一億五〇〇〇万年という歳月が必要だった。だが、それだけの歳月をかけても、これらの有機物がただ地表で分解するにまかせていてはこうはならない。海底や粘土層のように、空気がなく熱が保持される地中の奥深くに埋める必要がある。そのためには、巨大地震、つまりプレートテクトニクス理論（地球の表面はいくつかの岩盤に分かれており、それが動くことで地学現象が起こるとした説）でいわれる大規模な地殻変動が必要だったのである。

巨大地震によって多くの生物体が地中に捕らえられ、地上にとどまっていたなら本来たどるべき平凡な運命から逃れていった。生物体というものは、通常、空気や微生物と接触することにより、素早く生分解される。つまり、すべての有機物同様、水と炭酸ガスという非常に小さい分子の状態になる。これらが植物の光合成を介して再利用されていくのが、自然界で永遠に続く再生サイクル、つまり、完璧な「炭素の自然サイクル」であり、ここでいう平凡な運命である。

だが、地中に捕らえられた先史時代の生物体には違う運命が待っていた。数千年もの間地中の熱に包まれていたことで「石油」に姿を変えたのである。

石油とは、酸素が存在しない環境で、有機物が非常に長い時間をかけて分解したものだ。だが、その分解は完全なものではなく、炭酸ガスや水となるところまで分解されてはいない。石油の分子は生物体を構成する分子よりはかなり小さいが、炭酸ガスや水の分子と比べるとはるかに大きいのである。そして、これは同類の石炭にも当てはまる。石炭は石油ほど分解が進んでいないが、これはより浅い地中に埋まっていたためだ。反対に、天然ガスは石油よりもう少し分解が進んだ状態のものである。

つまり、石油というものは、分解が進んではいるものの未完了の状態にあるものだ。この粘性の高い黒い液体は、時間をかけて地中深部の岩の裂け目に入り込み、長い間じっと身を潜めていたのである。

このように、生まれる過程は少々地味なものだったが、石油には「扱いやすい」というはかりしれない価値があり、使いやすいエネルギー源となったのである。この石油（原油）という黒い液体を浄化する、つまり「精製」すると、様々な炭化水素を得ることができる。炭化水素とは、炭素原子と水素原子だけでできた分子のことで、有機体由来の非常に小さなおもちゃの組み立て《レゴの》ブロックのようなものだ。これらの分子は分解の途中であるため、ひたすら最後まで分解を進めようとする。その結果、分解と同時に酸素と結びつきやすくなるため、酸化反応である燃焼が起こりやすくなる。つまり、非常に燃えやすいということだ。炭化水素はこのようにしてエネルギーを簡単に放出するため、気候変動や二酸化炭素排出過多といった現代の悪夢の元である炭酸ガスを放出するが、一方、私たちはそのエネルギーを使った飛行機でいとも簡単に地球の反対側まで行けるというわけである。

この石油から抽出されたレゴのブロックのような炭化水素を結合させると、プラスチックを得ることができる。プラスチックの語源は、「成形できる」という意味の古代ギリシャ語「plastikos（プラスティコス）」である。

この炭化水素の結合は、カール・ツィーグラーとジュリオ・ナッタの発見以前は、高圧が必要で困難を伴うものだった。だが彼らがふしぎな液体金属（四塩化チタン）によって炭化水素の結合が簡単に開始することを発見したおかげで、プラスチック製造の道が開かれた。この物質生成の作用は、一度始まればそのまま難なく続いていくという。

こうして、単純だが創造性に富む、プラスチックの歴史が始まった。

ミッキーマウスと軽快に動く炭素の手

のちに石油化学の専門家と呼ばれる研究者たちは、一斉に石油の研究に着手し、有機物の分解の過程を詳しく調べていった。そしてすぐに、分子レベルのレゴのブロック（炭化水素）の研究者たちにより、炭素と水素の鎖を簡単に選り分けられることが発見されて、きわめて実用的な分子であるエチレン分子を大量に得ることができるようになった。このまったく同じエチレン分子が数千個結合してできたのが、最も単純なプラスチックであるポリエチレンだ。これは今日、レジ袋やボールペンなどに使われている、最も流通しているプラスチックである。

理解を深めるために、少し原子レベルの話をしよう。ミッキーマウスの頭が二つ、お互いの首の部分でくっついている様子を思い浮かべてほしい。これがエチレン分子の形だ。水素原子がミッキーマウスの耳で、大きな炭素原子にあたる顔一つに対して二つずつくっついている。この短い分子式はC_2H_4（炭素原子が二つ、水素原子が四つあることを意味する）と表される。

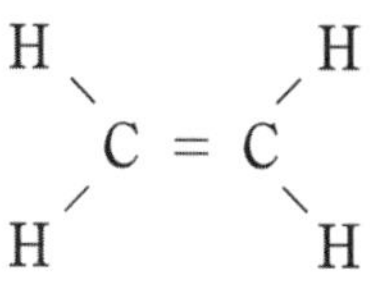

ミッキーマウスの二つの頭をつなげる首の部分に見られる結合は、二重結合といわれている。原子には手があって、その手で他の原子と結びついたり手を組み換えたりしている。炭素原子は手を四つ持っており、このおかげで他の原子と何度も離れたり結びついたりすることができるのである。エチレン分子は各炭素原子が水素原子二つと単結合で結びつき、残りの二つの手が炭素原子同士、二重結合で結びついているということになる。

この二重結合によって、エチレン分子は手を簡単に離したりつないだりすることができる。二つの炭素原子は互いに二つずつ手を出してつないでいる状態なので、他の分子と結びつくために、互いに手を一つずつ離すことができるのである。

小さい分子が多数結合して鎖状の結合体を作っていくことを重合という。複数のエチレン分子が互いに結合したものはポリエチレンとなる。

また、手のつなぎ方次第で、エチレンの炭素原子は水素原子一つを別のエチレン分子と置き換えることもでき、これにより、硬さもしくは透明性、または耐熱性を持ったものなどができあがる。つまり、軽快に動く炭素の手を持つエチレンは、化学者が夢見る大きな可能性を備えており、そのため、人間の果てしない欲望に応える力を持った物質なのである。

磁気を帯びた真珠のネックレス

プラスチックの持つ大きな可能性は、まさしく人々を魅了するものである。それについてさらに説明するために、今度は、何粒もの同じ真珠が鎖状につながった真珠のネックレスをプラスチックだと考えて、先ほどのレゴのブロックをそのネックレスの真珠の一粒一粒だと想像してほしい。

化学用語でモノマー（単量体）といわれるこの一粒一粒の真珠は、炭素の軽快に動く手によって他の二つのモノマーと結合して鎖状のネックレスになっている。このネックレスをポリマー（重合体）という。室温下では、このネックレスの真珠の一粒一粒が、まるで磁気を帯びているかのように近くにあるネックレスの真珠に引き寄せられる。このようにして何千ものネックレスが互いに引き寄せられて結合していくが、このとき、あらゆる方向に結合していくことで、三次元のプラスチック素材ができあがるのである。

プラスチックはこのようにして複数のモノマーが重合してできることから、基本的にプラスチックの名前は、「複数」や「多数」を示す「ポリ」という接頭語から始まり、後ろに真珠（モノマー）の名前が続く。最も小さいプラスチックの真珠（モノマー）はエチレンであり、エチレンがネックレスのようにつながったものがポリエチレン（PE）である。

最も大きい真珠は、エチレンの水素原子（ミッキーマウスの耳）の一つがテレフタラートと呼ばれるものに置き換わっている分子である。これをいくつもネックレス状に重合させていくと、ポリエチレンテレフタラート（PET）となる。これは飲料用のPETボトルなどに使われている素材である。こういった組み合わせは無限に考えられるので、プラスチックは多様性に富んでいるといえるのだ。

たとえば、スチレンという分子の真珠を重合すればポリスチレン（ヨーグルトの容器やパソコンのキーボードのキーに使われている）ができあがる。また、これをポップコーンのように多孔質な構造にすることもでき、ふわっと膨らんだ形のまま固まったように見える発泡ポリスチレンを作ることもできる。その小さな穴に空気を含んだこの素材は非常に優秀な断熱材である。保冷・保温効果があるため、コーヒータンブラーのほか、保冷バッグや住宅に使われている。

プラスチックはスイス製のナイフより汎用性が高く、また、多くの性質を獲得することができる。だがプラスチックには、もう一つしたたかな点がある。それは、ガラスや木、その他の伝統的な素材とは違って、私たちが考えられる限りの形をいとも簡単にとることができるということだ。プラスチックの用途は、食品用の四角いプラスチックトレーからレーシングカーのハンドルまで、あらゆるものに及んでいる。

ここで、プラスチックの無限に小さな世界ではどのようなことが起こっているのか見てみよう。温度が上昇すると、すぐに分子の動きが活発になり、ポリマーのネックレス同士が引き合う力は減少する。そうして磁気を帯びたような力はなくなって、徐々にネックレス同士が離れていく。すると、それぞれが独立したネックレスになるので、プラスチックは多少粘度のある軟らかい塊となる。ゆですぎてしまったスパゲッティの山のように、たとえば押し型に入れれば好きな形や大きさにすることができる。そして、その後、冷却し、ネックレスの分子鎖同士の引き合う力を復活させると、先ほど好きな形にした、その三次元の形に固まったプラスチックが得られるのである。

大事なことは、プラスチックの名前と魔法が可塑性という性質から来ている点である。可塑性をわかりやすくいえば、加熱後に冷却するだけでどんな形にすることもできるという特性だ。文字通り、人間の想像通りのものができあがるのである。

革命ともいうべきこの事実をご理解いただけただろうか。たとえば、石工だった私の祖父にプラスチックの話をしてみてほしい。アルデシュ県の石灰岩の崖のふもとに腰を落ち着けて、祖父は何週間もかけて一つのテーブルやベンチを作っていた。だが途中で石にひびが入りでもすれば、それまでの仕事は一瞬にして水泡に帰すこととなった。それから、木工職人にも話してほしい。彼らは何時間もかけて木片にカンナをかけ、旋盤で加工し、組み立てている。革職人は何日もかけて皮をなめし、艶出しなどの加工を行って、ようやく縫製の仕事に入る。また私の祖母は機織り工場に絹糸を納めていたが、その前には、何ヶ月もかけて桑の葉で蚕を育て、細心の注意を払って繭から糸を繰り取る必要があったのだ。

なぜたったの数十年でプラスチックが天然素材から王座を奪うことになったのか、これで理解していただけたと思う。

一九七〇年代、変幻自在に姿や性質を変えるプラスチックの魔法のおかげで、「模造品」の時代が盛大に幕を開けた。一九七二年、ポンピドゥー大統領は大統領官邸であるエリゼ宮にフランスの現代性を取り入れて、著名なデザイナーのピエール・ポランの手によるプラスチック製の家具を置いた。私はというと、一三歳のとき、お年玉で白い細身のフェイクレザージャケットを買った。袖口と襟は毛皮で縁どられていたが、これももちろん合成繊維でできていた。そのジャケットは軽くてとても美しく、特に値段が非常に安かった。だが、その喜びもすぐに消えてしまった。というのも、あっという間に肘の部分の表面が「はがれて」きてしまったのだ。それはわずか数ヶ月でポケットのところまで広がった。当時のプラスチックには耐久性の点で改善の余地があったのである。

こうして、進歩は絶え間なく続き、ポリマーの分子構造を活用して、際立った特性を持つ素材が生み出されていった。

多くの硬質プラスチックの他に、たとえばレジ袋のような、より薄くて軽い低密度のプラスチックも現れた。石油化学者はこの柔軟性のあるポリマーを作るのに、木の幹から短い枝が出るように、主鎖に分子鎖を結合させた。分子鎖の収まり方は、整えられた枝の束のように滑らかな均一の並び方になっていれば完璧、というわけではない。このようなポリマーは「分岐構造」をとっているといい、より密度の低い軽い素材となる。

プラスチックには実に多くの種類が存在するが、そのなかに、熱硬化性という性質を持つものがある。それは加熱しても軟化しないという性質だ。その秘密はネックレス同士の結合の強さにある。ネックレス同士の結合は真珠間の結合より強いため、炭素の手が近くの別の分子鎖と互いにつかみ合って結合すると、高温下でもこの結合は切れることはない。このプラスチックは電子レンジにかけても形が崩れることもなく、真夏の車のなかでも熱で変形することもない。反対に、熱すぎるコーヒーを入れると変形してしまうタンブラーは、耐熱性はないが熱可塑性を持っているといえる。この素材は工場で軟化によって成形されるが、その軟化は加熱によって繰り返される。

石油経済、工場とペレット

私はこの魔法の素材のあらゆる特性に魅了され、「ポリマー素材の食品包装」というテーマに取り組んだ。このテーマの重要性を直感したのである。当時、すでに非常に多くの食品がプラスチックに包装されて売られていた。しかし、この素材の性質や食品との接触における安全性、そしてその使用後の行く末について本格的な調査をしていた人は誰もいなかったのだ。プラスチックが社会のいたるところで大きな存在感を示していたのは本当で、その成功は驚異的といえるほどだった。石油化学は休むことなく新たな製品を供給しながら、毎日その手を少しずつ遠くへ伸ばしていった。社会はその製品を素早くつかむと、科学技術や美の傑作を発見した喜びに浸りながら、それを自分たちが生み出したのだと考えた。技術者やデザイナー、エンジニアたちは、プラスチック製の椅子やドアやバッグ、箱や靴底、チューブ、容器などのすべてが従来のものよりも高性能で見た目もよく、独創的だと考えていた。時間が経つにつれて、プラスチックの価値は、私たちのちょっとした欲望——実生活で繰り返し私たちが感じる必要性——を満たしてくれる喜びに置かれるようになっていった。

家族からの「役に立つ人になりなさい」という教えに相変わらずとらわれていた私は、発展途上国のために力を尽くそうと考えた。そうして博士号を取るとすぐ、南の発展途上国のエンジニアを育成する助教授として、食品の安全と食料の保存の問題に取り組んだ。私が担当した学生たちはアフリカや南アメリカ、アジアの出身で、その多くは裕福な家庭の子弟だった。彼らの希望は技術者の資格を取って、農産物加工業で成功することだった。

農産物加工業は石油化学産業とともにフランスの重要な財源であり、雇用創出産業である。そして、私たちフランス人はこうした南の発展途上国の未来の専門家たちに、自分たちがすでに享受している技術の進歩を教えることは正しいことだと信じ切っていた。当時、私も同僚たちも、工業化と成長、そして消費こそが、何百万人ものいわゆる第三世界（発展途上国）の貧困層を救うと確信していた。

私の仕事は学生たちに包装材料に関するノウハウを伝えることだった。特に粉ミルクや離乳食、ドライマンゴーやバトンドゥマニョック（キャッサバ粉を水で練ったものをバナナの葉で棒状に包んで蒸したアフリカの食べ物）などの運搬・保存・販売に最適な高性能で近代的なプラスチックについて教えていた。プラスチックはまさしく発展への希望の使者であり、それをすべての人の手に届くようにすることは、重要で素晴らしい仕事に思われた。必要なときに未来の技術者が入手できるよう、私はアフリカで増加しているプラスチックフィルムの製造設備を調査した。

プラスチックが食品包装の世界で目覚ましい成功を収めたのは、単に軽くて丈夫で透明だからではない。それだけでなく、プラスチックは私たちが成長し、生きていく上で体が必要とする非常に壊れやすい栄養素を保護することができるのである。

高密度ポリマー、つまり分子鎖が互いに非常に密に絡み合ったポリマーは、空気中の害をなす分子の攻撃を抑えることができる。たとえば、酸素はフルーツジュースのビタミンを酸化させたり、豚肉製品を黒ずませたり、おろしたチーズに発生する緑色のカビを増やしてしまうが、高密度ポリマーはこの酸素の攻撃から食品を守ってくれるのである。また、湿気も遮ってくれるため、ビスケットも湿気らず、サクサクした食感が保たれる。高密度ポリマーは、食品の無駄やロスと戦う極上の武器なのである。

また、プラスチックを他の素材と組み合わせることで、完璧ともいえる包装材が作られる。牛乳パックの紙とアルミ箔の層をプラスチックで挟み込み、しっかりと密着させることによって理想的な包装が生まれ、これはすぐにメーカーに採用された。常温でも長期保存が可能なロングライフ牛乳に使われているのはこの素材である。ガラス瓶など、食品の保護が可能な素材は他にもあるが、そういった素材と比べるとプラスチックは抜群に値段が安い。そしてこの値段の安さがプラスチックの最大の切り札なのである。

実際、プラスチックの誕生からほんの二、三〇年で、石油化学産業の形が整い、鉄でできた大聖堂のような建物が次々と建てられていった。製油所とプラスチック成形加工工場である。石油採掘国の資金や国際金融資本によって、この巨大産業は天文学的な量の低コストプラスチックを作り出していった。しかも、その機能性は絶え間なく進歩し、価格も次第に下がっていった。そして、この石油化学産業の大きな発展により、経済協力開発機構（ＯＥＣＤ）加盟国のすべての国は大いに潤い、実業家や株主は世界の富裕層に名を連ねていった。

加工前の粒状のプラスチックをペレットという。レンズ豆からえんどう豆ほどの大きさのこの粒は新たに国際市場を席巻し、世界の隅々へと大量に運ばれていった。他の原料と違い、ペレットは軽く、取り扱いに気を使うこともない。衝撃や湿気、冷気、熱、虫、ネズミなどによる被害の心配がないのだ。そうして、配送先には常に発送したときと同じ状態で到着するのである。

同じ頃、発展途上国では包装材の製造に苦労していた。というもの、初期投資には資金がかかり、また、製造に必要な電力・火力などのエネルギーが十分に供給できないからである。たとえば、ガラス容器を製造する際、採算を合わせるには巨大な工場を作り、製造を一極集中させなければならない。週末に電源を切ったりすることは論外だし、毎週瓶の形が変わったりすることはあってはならない。ガラス炉は最適運転温度に達するのにかなりの時間を要し、その温度で一年三六五日休むことなく稼働させる必要がある。金属や厚紙、そしてプラスチックの製造にも同様の投資とノウハウは必要となる。だが、プラスチックは金属などとは一線を画し、それほど高い費用をかけることなく、身の丈に合った形でこれを実現することができる。

プラスチックが世界中に影響力を及ぼし、一筋縄ではいかない商業界の野心家たちをも魅了したのは、可塑性という性質によるものである。熱したのちに冷却すれば簡単に形を変えられるというこの性質のおかげで、巨大な工場は不要となった。「押出成形機」という、軽トラック一台ほどの大きさと値段の機械があれば十分なのだ。この機械を使えば、ペレットを混ぜ合わせて熱し、溶けたプラスチックを様々なサイズや形の押し型でプレスするという流れで簡単にプラスチック商品ができあがる。この押出成形技術を他の成形技術と組み合わせることにより、ボトルのほか、非常に薄い袋などの加工が可能となる。

ほんの少しの電力を使って押出成形機を稼働させれば、投入したばらばらの粒状ペレットが様々な形となって反対側から出てくるし、色も染料メーカーのイメージ通りにできあがる。

このプラスチック製造機械は、牧草地のない小さな農場のように増加していった。だが農場と違って、廃棄物もにおいもなければ季節性のトラブルや病気の心配もない。プラスチックという名のミルクを出す雌牛は、極度に清潔で従順な働き者というわけである。こうしてプラスチック製品は、とどまることなく製造され、流通していった。

一九六〇年から一九七〇年代にかけて、フランスの工業地帯では大量の安価なプラスチック製品を作る小規模企業が次々と生まれ、その後、アジアの国々に広がっていった。一九九〇年代、フランスは、アフリカと南アメリカの国々に対し、自立と雇用の創出、および経済活動の活発化のためにプラスチック製品の製造を奨励し、援助していた。伝統的な素材を捨て、プラスチック製品に切り替えた人々は、この石油化学産業の得意先となった。また、国際基準を満たした新たな包装材を製造することで、欧州諸国が好む外国産の製品として輸出することが容易になった。まさに一石三鳥である。

その用途の広さと安さによって、プラスチックには驚異的なスピードで世界中に広がる道が開かれた。そして南の発展途上国の未来の技術者たちにこの魔法の素材の魅力を教えることで、私もこの驚異的な機構の一つの歯車となっていた。

先のことは誰にも見えていなかったのか？

私同様、皆さんも疑問に思うだろう。プラスチックがいたるところに広がる前に、どうして使用後の行く末や、プラスチックのもたらす毒性の心配をしなかったのか、と。

もちろん、素晴らしい発見に盲目となっていたせいもあるし、進歩に貢献しているという確信や利益の見通しがあったという理由もあるだろう。だが、一番の理由は、人類の歴史のなかで、これまで使われてきた素材は、すべて自然に還るものだったということだろう。

これまでの素材は直接自然に由来するものであるため、自然の生物地球化学的循環に戻るようになっていた。絹や木材、鉄や羊毛、そのどれもが方法は違っても最終的には必ず分解される。ガラスや石や金属は、それぞれの本質的成分であるカルシウムや鉄、ケイ素などにゆっくりと姿を変えていき、再び水や土壌にミネラルを補給する。革や紙あるいは布は、地中の微生物によって消化されて小さな分子となり、植物の光合成を経て再び炭素循環に合流していく。プラスチックが今まで頼っていたどの素材とも違った動きをするなどと、どうして考えることができただろうか？

たしかに、プラスチックは例外的な素材である。それは人間が思い通りのものを作るために、その類稀な力を駆使してプラスチックの構成ブロックであるモノマーに大きな変化を加えていったからである。その結果、プラスチックは自然環境内の分解過程における異質な素材となった。したがって、自然界の大きなサイクルには身の置き場がなく、そうかといって何世紀もの間、そのままでいられるわけでもない。そのため、その間に毒性を発揮してしまう危険性がある。

しかし、プラスチック熱にうかされはじめた最初の数十年の間は誰も疑問を持たなかったし、また、遠い先のことはわからないものである。プラスチックの大衆化は人間の幸福と進歩へのさらなる一歩だったのだ。高い知能を利用して地球の資源から利益を得ることに夢中になるあまり、今や人間は皆、物質的な豊かさを幸福だと思っている。私たちは経済成長ばかりに重点を置く考え方で盲目になり、地球上のあらゆる場所で大量のプラスチックを使用することがのちに何をもたらすことになるのか考えないのである。

第2章 忍び寄る不安

「人類は自ら発明したプラスチックを制御できなくなっている」――私がこれに気づいたのは、カリブ海の島に滞在してすぐのことだった。モンペリエ大学の研究室で目に見えないほど小さな敵に襲われる数年前のことである。本章では、プラスチックが私たちの心配の種となりはじめた頃のことを振り返っていく。

土と混ざり合うプラスチック

あれは、一九九三年の夏のことだった。私は大西洋を横断し、カリブ海のアンティル諸島にある、フランス海外県のグアドループに向かった。というのも、その島のバナナ生産者から珍しい内容の相談を受けたからである。

その相談とは、バナナ栽培におけるプラスチックの扱いに関することだった。農園の人たちによると、そこでは二〇年以上前から、バナナの品質を上げるために、木に生ったバナナの房に青いポリエチレンの袋をかけているという。このプラスチックの袋には、葉との摩擦や寄生虫からバナナを守り、実が熟すのを促す効果があった。また、土の上には、雑草対策のために黒いポリエチレンのシートが敷かれていた。彼らは昔から薦《こも》という植物を土の上に敷いており、その方がポリエチレンのシートよりも湿度が適切に保たれ、土地も肥沃になるのだが、このプラスチックのシートの方が入手するのも土の上に敷くのも簡単なのだという。つまり、この青と黒のプラスチックは、バナナ農園の生産性を著しく上げ、そこで働く人たちの労力を大きく省いていたのである。

彼らはこの大きな進歩に自信を持っていたので、あとになって問題が生じるとは想像もしていなかったという。そうして収穫時には、手に鉈《なた》を持ってバナナの房を切り、プラスチックの袋は土の上や畑の脇にただ投げ捨てていた。土に敷いた黒いシートも同様だった。その場に放っておかれ、枯れ葉や土やあらゆる種類のゴミに覆われていった。そして、また次のシーズンになると、新たなプラスチックのシートをその上に敷くということが繰り返されてきたという。

農園に案内されると、そこには驚くべき光景が広がっていた。一番高い場所にあるバナナの房から地面まで、農園全体が見渡す限りプラスチックで覆われていたのだ。私は息をのんだ。まるで、白い綿菓子のような雲の浮かぶ真っ青な空と鮮やかな植物の緑を背景に、すべてが青と黒の色調で覆われた絵のようだった。私はこれを見て茫然とした。

「いったい、これをどうしたらいいんでしょう？」男性の太い声が聞こえて、私は我に返った。農園の従業員が後ろから追いかけてきたのだ。人のよさそうな顔をしたその人は、私を追い越して前に立つと、まぶしさに目を細めながら、手に握ったプラスチックの袋を差し出した。袋はずたずたに裂けていて、鮮やかな青い色は薄汚れていた。

もちろん、彼らはこのかさばるプラスチックのゴミを処理しようと努力した。ずっと昔から、葉や茎や古いバナナの木を片づけるときにやっていたように、大きな穴を掘ってそこに埋めたのである。しかし、このプラスチック片を集めるのは骨の折れる仕事だった。細切れになったプラスチックは風が一吹きすれば飛んでいってしまい、そうなると、回収するのは非常に難しい。しかも、穴はプラスチック片ですぐにいっぱいになるので、だんだんと遠くで穴を掘らなければならない。また、農園の近くでプラスチック片を焼却処理することも試みた。だが、近隣住民から悪臭の苦情が寄せられ、さらに、焼却後に残ったカスで川や礁湖が汚染されてしまったという。

私が訪れたときには、農園は耕作可能な土地というより、幾重にも重なったプラスチックのシートと腐植土の層のようなものになっていた。つまり、もう細切れになった膨大な量のプラスチック片を集めるのは不可能だったのだ。そんな状況だったので、彼らは一人の女性科学者（私）がモンペリエ・シラド[1]で生分解性プラスチックを開発中だと聞いてすぐに連絡してきたのである。

当時、三〇歳になる前の私は、包装材への関心から新しいプラスチック素材の研究を進めていた。私は、包装材は入手困難になる心配のない現地の素材を使い、かつ、自然環境で分解されるものでなくてはならないと考えていた。そうすれば、自分たちの環境に廃棄物が蓄積することによる危険を避けられるからだ。そのために、小規模なチームで熱帯地域の原料から生分解性プラスチックを生産する研究を行っていた。私が自信を持って発表したのは、ブラジルで収穫されたキャッサバのでんぷんだけでできたプラスチック、つまり、畑で育ったポリマーだった。この純粋な白いでんぷんを、エンジニア仲間が作ってくれた小さな機械でポップコーンのように発泡させ、白い食品用のプラスチックトレーを作ったのである。

この素材の一番重要な切り札となるのは、これを自然のなかに置けば数ヶ月で姿を消してしまうということだ。一方、このでんぷんポリマーの悪い面はというと、プラスチックポリマーと比べて耐水性に劣ることだ。そのため、なかに入れるものは乾いたものに限られる。グアドループの農園に招かれた当時、私はこのトレーに耐水性を持たせるために融点の高い蝋（ワックス）をコーティングして、かなりよい結果を得ていた。その噂を聞いて、バナナの生産者たちは、この研究で農園を救えるのではないかと思ったのである。彼らはプラスチックの青い袋と黒いシートが、バナナ農園の他のゴミと同様に、農園内でひとりでに生分解し、ワンシーズンで消えてくれることを夢見ていた。

だが、それはやはり夢だった。プラスチックが詰め込まれた土地をじっくりと見て、二つの素材がどのように交ざり合っているかを徹底的に調べた私は、この問題がいかに大きいものであるかを悟った。そして、それまで自慢に思っていた白いトレーが、突然、取るに足らないものに思えてきた。私は自分の力不足を思い知らされた。もう、汚れたプラスチックの切れ端を差し出す手を見ることもできなければ、顔を上げて、灼熱の太陽の下で返事を待っているまぶしそうな目を見ることもできない。口ごもりながら言い訳をすることしかできないのだ。そう思うと、私は自分の研究が過大評価されており、それによって偽りの希望を与えていたのだと申し訳ない気持ちになった。そして、このとき、研究所での私の活動と、こうした農園の人たちの要求に応える大量生産との間に大きな溝が存在することを痛感したのである。私はまるで巨人の脅威を前にした小さな人間のように途方に暮れていた。

さらに、この農園で私は別の恐ろしい事実を知った。土にはびこるプラスチックゴミを選り分けて取り除くのはとんでもなく難しいということだ。交ざっているのが石ならば、取り除くのは簡単だ。私の故郷のアルデシュでは、人の手で地面から石を拾って低い石垣を作っている。交ざっているのが金属片ならば、磁石で引き寄せるという方法がある。だが、土にプラスチック片が交ざっているとなると、それを取り除くために私たちに打てる手はないのである。

結局、私にはこのバナナ農園の人たちを助けることはできなかった。あとになって、これ以上プラスチックと腐葉土の層が重ならないように、彼らがプラスチックゴミの収集に着手したことを耳にした。集められた少量の使用済みの袋とシートは地元の企業によって溶かされて、バナナの輸出に使う木箱の隅の補強に使われたとのことだった。この木箱の補強に使われたプラスチックと、未回収のプラスチックがその後どうなるのか、当時、知る人は誰もいなかった。しかし、いずれにしても、このバナナ農園の人たちが膨大な量のプラスチック片を完全に取り除けたとは思えなかった。

彼らを助けることはできなかったが、彼らの苦悩や動揺は私の心に刻みつけられた。かつて、彼らがよいものだと確信を持って使っていたプラスチックが、今や、どうにかして厄介払いしたいものとなっているのだ。次のような疑問が浮かび、何年もの間、私の頭を離れることはなかった。「私たちはどうしてプラスチックのようなとんでもないものを発明することができたのか」、「数十年後には、私たちはプラスチックにがんじがらめにされているのではないだろうか」——。

逃れられない麻薬

こうしたことが起きていたにもかかわらず、二〇世紀の終わりには、バナナ農園の人々と一部の自然愛好家以外には、一般の人でプラスチックの氾濫に不安を感じている人は世界にはまだいなかった。それどころか、人類はむしろプラスチックが手に入らなくなることを心配していたのである。その不安が最初に表れたのが、一九七〇年代の石油危機だった。産油国は減産によって原油公示価格を引き上げ、新たな麻薬ともいうべき石油に対する支配力を世界に誇示した。ガソリンスタンドだけでなく、プラスチック成形加工工場も大いに苦しんだ。石油がなければエチレンは作れず、エチレンがなければプラスチックは作れないのだ。

石油を大量に使って利益を上げていた商工業界は、人類が貪欲に汲み上げている油田が枯渇するのではないかと思って不安におびえた。当時、石油資源の枯渇まで、あと五〇年だといわれていた。方向転換をする時間はあったが、人々の行動はほとんど変わらなかった。その後、別の油田が発見されると、石油の枯渇までの期間はその時点からさらに五〇年延びていった。石油の残量に一喜一憂する人類が、将来石油の消費によって蓄積されるゴミの方を心配するようになると考える人は、当時はどこにもいなかったのだと思う。一九九〇年代、私たちはプラスチックに完全に依存していたのである。

一九九二年、私は小麦のたんぱく質からプラスチックのような透明なフィルムを作る方法を発見し、欧州穀物生産者賞を受賞した。この研究によって、穀物生産者たちは、過剰生産で落ち込んでいた穀物価格が食品市場とは別のところで上昇する可能性に期待した。

実際、当時欧州では、牛乳やジャガイモ、穀物の過剰生産により、その価格が急激に下落していた。これに対し、農家の人々は、農業省の建物の前で苦境を訴えたり、ダンプカーで堆肥をぶちまけたりして政府に対応を求めた。そこで、欧州ではやむを得ず、畑の休閑を受け入れた農家に助成金が払われた。この過剰生産という危機に際してとられる緊急対策は、食品の新たな販路を見つけ、超過分を流通させることだ。したがって、当時の感覚では、農産物をプラスチックの生産に使うことは素晴らしいアイデアだったのだ。欧州穀物生産者賞の授賞式はストラスブールの欧州議会でものものしく行われ、私はのちにユーロに取って代わられる欧州通貨単位のエキュで賞金を受け取った。だが、そのとき私の貢献とされたものは、現在では世界の食料安全保障を脅かすと思われるものだった。つまり、農産物の食料以外のものへの転用である。

同年、私は仕事でタイへ行ったが、そこでもプラスチックはあらゆる場所に見受けられた。露店ではフランスと同じプラスチック製品が売られ、通りや浜辺、畑には、同じプラスチックのゴミが転がっていた。欧州と同様に、どの国でもプラスチックゴミはいたるところに存在し、人々は完全に見て見ぬ振りをしていた。ゴミ捨て場は増えたが、実際、その後ろに投げ捨てられたカップやストロー、そして食品用のトレーがその後どうなるのか、心配する人はほとんどいなかった。

当時、飲み終えたソーダのボトルや食べ終えたポテトチップスの袋を車の窓から投げ捨てても、誰一人として怒る人はいなかったのである。

プラスチックは私たちの生活のいたるところに広がっていたが、私は何の不安も感じず、それを受け入れていた。もう誰もポリエチレンの袋を使わず買い物をすることなど想像できなくなっていた。夫と私には一九九四年と一九九八年に生まれた二人の子どもがいたが、その子たちを育てるときには軽くて衛生的で壊れないポリカーボネート製の哺乳瓶以外のものを使おうと考えることもなかった。

また、ファッション業界もプラスチックポリマーの魅力から逃れられなくなっていた。ポリエステル、ポリアミド、その他の合成繊維で作られた服は私たちの生活にすっかり定着し、綿、麻、絹、ウールと肩を並べていた。自動車業界や航空業界、建築業界でも同様だった。プラスチックによってエンジニアやデザイナーの創造性は一〇倍にも伸びていった。一九五〇年代に田舎の小さな飛行クラブで飛んでいた飛行機の機体には、木や金属、オイルクロス（オイルを染み込ませることで防水加工された布）が使われていた。だが、二〇世紀の終わりには、それらはもう見られなくなっていた。プラスチックは昔からある素材を、いとも簡単に、容赦なく凌駕していったのである。

複数のポリマーを混合することによって新たな特性が持てるようになり、より軽く耐久性や可塑性に富んだプラスチックが生まれていった。その結果、商用のジャンボジェット機に使われるプラスチックの量は五〇％に達するまでになっていった。今では金属が使われているのは骨組みとエンジンのパーツのみとなり、残りはどこもプラスチックと複合材料でできている。また、合成素材は、家具や家電はもちろんのこと、窓枠から断熱材や床材にいたるまで現代の家のあらゆる部分に用いられ、車にも同様に使われている。

二〇世紀も終わりに近づく頃、ほとんどの人々は、プラスチックが不足するという心配はしても、プラスチックを作りすぎていることに対してはまったく不安を感じていなかったのである。

相反する指導と研究の日々

一九九〇年代も終わる頃、私は若者特有の未来への信頼を胸に抱き、自分の信じる道を進むことを決意した。だが、それにはプラスチックの紹介と阻止という相反することを同時にせざるを得なかった。深く考えた末、私は午前と午後で仕事を二つに分けることにした。午前中は教師として、南の発展途上国から来た未来のエンジニアたちにプラスチックを使った食品の包装、保存、運搬、販売の方法を教えた。それでも、できるだけ小規模単位で地元で生産されたプラスチックを使用するようにした。そして午後になると、研究者として、私たちの未来が同じプラスチックによる悪影響から逃れられるよう力を尽くした。プラスチックの南の発展途上国への浸透はまだ引き返せない状態ではなかったし、北の先進国同様にいたるところにプラスチックが存在するようになったとき、これらの国々を待ち受けている問題が私にはよくわかっていたからだ。私はプラスチックほど自然環境に長く残らない代替素材を提案しながら、これらの国々がプラスチックゴミだらけにならない方法を見つけ出そうとしていた。

当時、熱帯に足を運び、その国々を深く調べるにしたがって、私はその土地の伝統的な食品包装に夢中になっていった。それらの国々では、屋台の食べ物や加工食品を売るために、新たなプラスチックの包装材を必要としている人は誰もいなかった。商人たちはただ、その土地の自然のなかに最も豊富にある素材、つまり、植物の葉を使っていた。タイの道路沿いでは、もち米の料理がバナナの葉に入れて売られていた。しかも、商人はその葉を脇の畑から切ってくるだけでなく、加熱式の圧縮機で型押しして容器の形にしていた。カットされた果物がほしいといえば、店の人は葉を円錐形にして、そこに入れて渡してくれる。しかも、口の部分は爪楊枝のような細い木の棒できちんと閉じられている。葉にはもともと防水性がある上に、耐熱性もある。そのため、熱々のバッタの揚げ物も一枚の葉で作った容器で売られている。

葉を用いた包装材の高性能化と多様性についてはのちほど個々にもう少し説明するが、この容器のノウハウは人類の進歩と引き換えに失われようとしていた。先祖代々伝わるこの技術は、それを知る人の頭のなかにしか記録されていない。したがって、彼らの代で消えてしまう恐れがある。また、私は年配の人々が、若者の現代性への志向に信頼を置いていることに心を動かされた。だが、その若者たちが何の疑いもなく、地球の裏側から来るプラスチックペレットが快適な暮らしをもたらすと信じていることにもひどく驚いた。そんなプラスチック信仰に、私は貢献していたのである。それでいいのかという疑問が頭を駆けめぐった。私はその疑問と向き合って、代々受け継がれてきた、葉を基本とした包装という重要な遺産の保護に力を尽くそうと決意した。

この伝統的な方法の素晴らしさに再び光を当てるには、世間の人々に関心を持ってもらう必要がある。そのために科学者として私がすることは、予算を獲得し、研究所を建て、伝統的な食品包装に関する根拠ある科学的データを得ることである。だが、そんな伝統的な包装を捨てずに現代化への道を進むことができると思う人はいない。当然、私は越えられない壁にぶつかった。資金調達のための交渉相手にこの「葉を用いた容器」のよさを話しても、関心を示す人はほとんどいなかったのだ。当時の多くの人々と同様、彼らの頭にあるのは、未来に待っているのは輝かしいプラスチックの時代だという認識だった。植物の素材は、輸出も産業化もできなければ、経済成長の型にはめ込むこともできないもので、世の野心家たちが語る未来のやり方には即さない「過去のもの」なのである。

そこで、私は回り道をすることにした。植物の葉がプラスチックと張り合えることを口にするのは注意深く避け、葉を用いた容器のよさを遠回しに伝えたのである。そして、社会経済学者の同僚たちの助けを借りて、私は自分の主張を、葉を用いた容器という先祖代々の知恵を伝える遺産の保護に絞ることにした。これは消滅の危機にある言語や民族衣装を保存するのと同じ扱いである。葉を用いた容器に無関心な人たちは、技術の進歩と経済的利益に満足していたが、私はあえてそれに触れないことで、なんとか助成金を手に入れたのである。

葉を用いた包装の研究にこの助成金を使い、私は世界中から科学者を集めてコートジボワール、ベナン、コンゴ民主共和国にいくつかの小さな研究所を建て、また、包装材用の葉を栽培する耕作地を見つけた。そして、野生の葉を採って、モーターバイクに山のように積んで運んでいる人たちと会い、この伝統的な容器の市場を訪れた。

そうやって葉による包装について調べていくなかで、私はコンゴの首都ブラザヴィルで興味深い包装技術に出会った。この地域の屋台の名物に、シクワングという食べ物がある。棒状にしたキャッサバの生地が葉でくるまれたもので、この葉の包みを開いて、自分の好きなソースで食べるのである。シャルロット帽をかぶった白い服の女性商人たちは、一枚目の葉を炎で素早く殺菌すると、その葉で手際よく棒状のキャッサバの生地をくるむ。そして二枚目の葉を手に取ると、きれいに包み上げ、紐でくくって出来上がりだ。シクワングの生地に触れているマンガングと呼ばれる一枚目の葉は、表面にある天然の油で保存期間を長くするだけでなく、生地にうま味を与えている。そして、二枚目の葉は防水性と耐久性に優れ、どちらもなくてはならないものとなっている。

このように、熱帯の多くの国々では、食品包装に必要な条件を満たすという理由から、葉が包装材として使われている。期待される効果を得るために、何枚かの葉を組み合わせて使うこともある。また、中身が発酵して食するのに不適切な状態になったり、十分加熱されたら、包んでいる葉の色が変わるものもある。つまり、葉を開かなくても、一目で中身の状態が判断できるのである。

プラスチックの魅力は、特に多様な形や色や透明性だったが、その役割は、結局、食品の保護という一項目にとどまっていた。一方、葉を用いた包装は、完璧な容器が求めるすべての項目を満たしていた。機能性や低コスト、軽量であること、地元で入手でき、再生可能であり、そして生分解可能なのである。その二〇年後には「バイオエコノミー」が盛り上がりを見せることになるが、その時代であれば、きっと、葉を用いた包装に関する私たちのチームの研究は科学雑誌やいくつかの産業の興味を引いていただろう。しかし、当時は、威厳や権威、科学的・技術的革新性に欠けるものとみなされて、時代の波に乗ることができなかった。生分解性の重要性を知る人もいなければ、プラスチックゴミの蓄積に憤る人もいなかったからである。プラスチックはすでに広く普及し、人々は多くの時間が節約され、経済を回す大金が生み出されるという恩恵に浴していたのである。

葉による包装がなかなか注目されず、少々気落ちした私は、何か別のアプローチを試みようとした。そのとき私の目を引いたのが、日本で急激に進化していた「アクティブ・インテリジェント・パッケージ」というものだった。これは、高度な機能を付加したプラスチックの包装のことで、注目すべきは、図らずも葉を用いた昔からの包装の持つ機能が模倣されていた点である。

私は京都大学に招待され、数ヶ月間、研究者として日本で過ごした。そこには包装が重要な位置を占める世界があり、そこで出会った科学者たちはこの分野の最先端を走っていた。

この「アクティブ・インテリジェント・パッケージ」の例として、脱酸素剤を封入したプラスチック包装がある。これを使えば、食品に添加物を加えなくても保存期間を長くすることができる。一見したところ原理は簡単で、小袋に入った鉄粉が錆びていくことによって酸素を吸収・除去し、食品の酸化を防ぐのである。他の例としては、色のついた丸いパッチが貼られた包装が挙げられる。なかの食品が食べられない状態となるとこのパッチの色が変わり、開封して確認する必要もなく、一目で処分すべき商品を取り除くことができる。

　この技術的に進んだ発明により、プラスチックは昔からの伝統的な葉による包装と同じ機能を持つようになった。私は世界の一〇人ほどの科学者の力を借りて、このアクティブ・インテリジェント・パッケージに関する本[2]を書き上げた。しかし、葉を用いた包装の持つ素晴らしい機能の例を、世間に正当に評価してもらう方法は見つけられず、このテーマに関する私の講演もほとんど注目されることはなかった。アクティブ・インテリジェント・パッケージのような機能が葉にもあることを知ってもらうことで、葉による包装の評価を高めたかったが、うまくいかなかったのである。そして、与えられた助成金もとうとう底を突いてしまった。私たちが建てた研究所のなかで、ベナンのコトヌーにある研究所だけが残り、一〇年研究が続いたが、そこも閉じることとなった。しかし、最近のことだが、そこでまた研究が再開された。

　一九九〇年代はまさに、高い技術を備えたプラスチックが大いに人気を博し、昔からの天然素材が過去のものとされた時代だったのである。

内分泌かく乱物質の危険性

　同じ頃、いくつかの研究チームが、プラスチックは考えられているほど安全なものではないことを理解しはじめた。その背景には、化学工業によるポリマーへの添加剤の使用があった。

　年の経過とともに、化学工業の研究所の奥では、人類の際限のない想像力により、その欲望のままに様々なプラスチックが生み出されていった。人々は、まるで一人一人の客の舌を満足させるために米や鶏肉をスパイスで味つけするように、ポリマーに様々な物質を加えて複雑な製法を開発していったのである。

たとえば、結露防止剤を加えれば、包装材の内側が蒸気でくもるのを防ぐことができるため、買い物客はトレーのなかの千切りニンジンや鶏モモ肉を買う前に、中身をよく見ることができる。また、難燃剤を添加すれば、燃えやすい素材であるプラスチックを燃えにくくする。私たちの家の防音壁にポリスチレンが使われたり、会社の床にポリ塩化ビニル（ＰＶＣ）が敷かれていることを知る人々も、このおかげで安心することができるのだ。

また、石油化学者たちは可塑剤というものも加えるようになった。これがポリマー鎖間に入り込むことで、使用中にプラスチックフィルムがしなやかに形を変えられるようになる。その上、可塑剤を加えたプラスチックは、温度をそれほど上げなくても軟らかくなるため、製造過程で必要なエネルギーのコストを抑えることができる。一方、帯電防止剤はダッシュボードやオーディオ機器を作るプラスチックに添加され、表面に埃が溜まらないようにしてくれる。そして、安定剤はＰＶＣ製の窓に使われて、太陽光や雨風に対する耐久性を高めてくれる。この場合、安定剤は避雷針のような役割をして、ポリマーに代わって紫外線や外気からの攻撃を受け止めることにより、プラスチックの寿命を何年も延ばしているのである。

他の添加剤としては、プラスチックの硬度を高めるものや、耐酸性や耐寒性を向上させるもの、さらに、色、光沢、透明性に関与するものもある。

そのほかに、プラスチック製品の製造コストを抑える添加剤もある。その添加剤を加えることでプラスチックの滑性が向上し、機械のなかを速やかに移動できるようになるため、工場の生産性を上げることができるのである。しかし、なかには、プラスチック原料の使用量を少なくするためのかさ増しに使われる添加剤もある。

当時はプラスチックへの添加剤の使用の危険性がまだ問題視されていなかったため、この分野は豊かな創造性に溢れていた。人々は添加剤がプラスチックのポリマー鎖の網にしっかりと固定されていると考えており、接触している食品や、その先にある私たちの胃のなかへ移動することがあるとは思っていなかったのである。

それでも、一九九〇年代には、科学者たちは真剣に疑いを持ちはじめていた。たしかに、プラスチックの基礎を作るポリマーは動かないものだと考えられていた。というのも、プラスチックとは、真珠（モノマー）がネックレス状に集まり、そのネックレス（ポリマー鎖）同士が引き寄せ合っている状態のものだと認識されていたからだ。しかし、そのプラスチックに加えた添加剤は小さく、ポリマー鎖の間に単に置かれているだけだった。科学者たちの間では「自然は空白を嫌う」という単純な法則が知られているが、プラスチック中の添加剤は、まさにそれに則って、接触している食品とプラスチックの両方に等しく分かれるように、自然に移動するのである。この移動がなんらかの結果をもたらすのは時間の問題でしかない。ある一定量を超えて添加剤を摂取すれば人体にとって毒となることはわかっているからだ。だが、こうして食品に移った添加剤を考えるとき、人間の健康に悪影響を及ぼす添加剤の量というのはどれほどなのだろうか？　それがいったいいつ予測できるようになるのか、私たちにはまだわかっていない。

こうして一九九〇年代と二〇〇〇年代のおよそ二〇年間で、のちに「包装材による健康危機」と名づけられる一連の新事実が次々と明らかになった。テレフタラート（可塑剤）によるジュースの汚染やスチレン（ポリスチレンの残留モノマー）によるヨーグルトの汚染、そして、セミカルバジド（小さな瓶のキャップシーリングに使われているＰＶＣに防水性を持たせるための添加剤）による離乳食の汚染などが、続々と新聞に取り上げられた。

環境ホルモンといわれるビスフェノールＡ（ＢＰＡ）の危険性が報じられると、人々はプラスチックに対する警戒心を募らせていった。ＢＰＡは化学物質で、安定剤や可塑剤として多くのプラスチック素材の生産に用いられる。たとえば、哺乳瓶に使われるポリカーボネートや、缶詰の内側に使われるエポキシ樹脂の原料として使われていた。また、インキの成分として使われることもある。

研究が進むにつれて、ＢＰＡによるプラスチック容器中の食品の汚染が明らかになっていった。このＢＰＡの危険性は、毒性を発揮する摂取量の問題という簡単なものではなく、より深刻で複雑なものだった。というのもＢＰＡは奇妙な性質を持ち、人間のホルモンの機能を模倣するだけでなく、さらに、ごく少量の摂取でも問題を起こすからである。そしてその問題はすぐには現れず、あとになってから、つまり、子どもであれば大人になってから、もしくは次の世代になってから現れる。たとえば妊婦がＢＰＡを摂取した場合、生まれてくる子どもの乳腺、脳、行動、女性の生殖器官、代謝などに悪影響が出る危険性がある。[3] このような問題を引き起こすＢＰＡが使われているのは包装材だけではない。かつてはレシートなどの感熱紙に、今も歯の治療用の複合充塡剤などに使われている。

私たちの体内で分泌されるホルモンのように振る舞い、何世代にもわたって体に影響を与えるBPAのような添加剤は「内分泌かく乱物質」と呼ばれている。私たちには、物質の危険度はそのものの性質だけでなく、摂取量が関係するということもなかなか認識できなかったものだが、現在の私たちはより一層複雑な問題に直面している。内分泌かく乱物質を少量でも定期的に摂取した場合には影響が出るが、それはかなりあとになってからでなければ顕在化しないため、私たちにはその影響をほとんど、もしくはまったく予測できないのである。

この憂慮すべき添加剤は、私たちがどう使おうと、すべてのプラスチックから逃れ出て、外の環境へと四散し、私たちの健康を脅かす。このようにして、最初は家庭用品や建物用のプラスチック中にあった難燃剤は、プラスチックから逃れ出て私たちの生活環境に存在するようになり、その後、食物連鎖を経由して私たちの体内を汚染するのである。

この問題によって、私たちが認識したのは、プラスチックの添加剤は、多くの場合、私たちの生活環境に蓄積され、食物連鎖全体を汚染して最終的に私たちの体に入り込む、いつまでも消えることのない物質であるということだ。だが、それが私たちの環境にどのように蓄積され、どのようにして遠くまで――なかには北極の空気中で発見された添加剤もあるほどだ――広がっていくのかは、まだ十分に把握できてはいない(4)。

科学者たちはこの問題に頭を悩ませてきた。だが、彼らの持つ知識をどのように用いれば、将来必ず訪れるリスクを警告できるのだろうか？　こんなにも複雑な現象を、消費者や、冷静に対応できない政治家たちにどう説明すればいいのだろうか？　食の安全を監視する機関で働きはじめると、私はすぐにこの疑問に直面した。私は九年間、フランス食品環境労働衛生安全庁（ＡＮＳＥＳ）でプラスチックに関連する健康上のリスクの研究を行ったあと、欧州食品安全機関（ＥＦＳＡ）で、複数の研究分野に及ぶ専門家たちと協働し、欧州規模でこの複雑な問題の研究を続けた。特に思い出すのは、ＢＰＡの曝露と乳がんとの関連について何十もの研究を子細に調べたことだ。二〇〇六年から二〇一八年の間に、私は他の専門家とともに、ＢＰＡやメラミン樹脂、さらにナノ粒子に関する数百もの「ＥＦＳＡの意見」に署名した。欧州の政策や法は、ＥＦＳＡの発表するこの「意見」と呼ばれる科学的見解と勧告に基づいて制定される。つまり、私はプラスチック――特にアクティブ・インテリジェント・パッケージとプラスチック素材のリサイクル品――がもたらし得る被害を防ぐ欧州規則の制定に根本のところで貢献したのである。

その結果、哺乳瓶や缶詰に使われていた内分泌かく乱物質に対する規制が行われた。フランスでは、二〇一二年にＢＰＡを用いたすべての食品包装の販売、輸出入、製造を禁止する法案が可決された。欧州としても、内分泌かく乱物質に関する動きが複数進められていった。その規制は二〇〇〇年代から一五年ほどかけて、まず食品包装、次いで感熱紙、そして玩具へと次第に拡大されていった。

事業の危機に瀕して助けを求めていた企業も、とうとう自分たちで対処しはじめた。ＢＰＡを用いない商品を開発し、そうした新商品に「フタラート不使用」や「ＢＰＡゼロ」と表示して、毒性におびえる消費者を安心させる謳い文句としたのである。ただし、ＢＰＡの代わりによく使われているのがＢＰＡと同類の物質であるビスフェノールＰ（ＢＰＰ）やビスフェノールＳ（Ｂ

PS）だということは明確にされていない。これらはBPAより危険性が低いとされているが、それはただ、これらが健康に及ぼす影響についてはBPAほど研究されていないだけなのである。

二〇世紀の終わり、プラスチックの使用の安全性に関する不安は、添加剤の数の増加と同じように急激に増大していった。同時にその不安を解消する取り組みも行われた。そのための知識の必要性が高まり、事態は次第に複雑さを増していった。というのも、異なる物質の混合物に関しては推論に非常に長い時間がかかり、また、そのなかで都合のよいものが選ばれることもあって、一筋縄ではいかないからだ。健康のための科学を強く求めても、対応する側にはそれに応える時間も方法もない。プラスチックの大量消費とその長期的影響の危険性への対策に取り組みながら、私は自分が流れに逆らって進もうとしているような気がしていた。時代は経済競争力と技術に高い価値を置いており、イノベーションは遠慮がちに声を上げる予防原則の前で得意げに胸を張っていた。予防原則は二〇〇五年にようやくフランスの憲法体系に盛り込まれた概念である。決定は知識に基づいてなされるが、人間というのはそれとは釣り合わない無知な行動をとる。疑いや不確実性を口にすることは能力不足を認めたようなものだとみなされ、嫌われる。しかも、予防原則の立場からは、少しでも疑いのあることは許可してはならないと、科学者ではあっても、若い女性の私の口から聞くのは受け入れがたいことだったのだろう。思うように耳を傾けてもらえないこともあったが、私は研究に励んだ。

第3章 プラスチックの新たな理想郷

プラスチックが人間の健康に及ぼす影響について不安が広がりはじめると、企業は自分たちが促進してきたプラスチック依存の結果である、この問題に立ち向かう必要性を理解した。そして今までにない研究が始められ、イノベーションが次々と起こったが、それは必ずしも解決とはならないものだった。

科学で戦う

本書の冒頭で、雑誌の包装材の粉末状になった破片によって、知らないうちに窒息しそうになったことをお話しした。あの苦しい経験のあともしばらく喉に痛みが残り、炎症を起こした喉と肺が完全に回復するまでには、数日を要した。また、自分が透明なプラスチックの袋によって非常に危険な状態に陥り、また、そうなることを予測できていなかったという事実を受け入れるのにも何日かが必要だった。

あのとき、私が片づけていた雑誌の包装材は、「酸化型分解性」といわれるプラスチック（オキソ分解性プラスチック）で作られていた。それが裏面に小さな字で書かれていたのに対し、表面には大きな緑色の字で「エコロジカルプラスチック」と書かれていた。それは、表の表示だけ見れば、消費者が、この袋を作った企業は「このプラスチックを通して環境問題に取り組んでいる」というよい印象を受けるよう狙ったものだった。

プラスチックが発見されてから、石油化学者たちは、ポリマーに添加剤を加えることで高い耐久性を持たせることを競っていた。しかし、プラスチックが自然界に長期にわたってしぶとく残留することを知り、プラスチックゴミが蓄積されていくのを見ると、彼らは方向転換をして「最終的に残らないもの」つまり、自然のなかでより早く消える（見えなくなる）ようなプラスチックを作り出すことを考えはじめた。こうして発明されたのが「酸化型分解性プラスチック」である。これは、プラスチックが光などにさらされることで素早く小さな破片になるように、それを促進する物質を加えようという考えから生まれたものである。

数年の間に、畑の表面を覆う農業用シートから新聞や雑誌の包装材まで、数千もの製品が酸化型分解性プラスチックに替わっていった。私の研究室にあった雑誌の袋は、製造者のいう通り、大きなガラス窓から入る太陽光にさらされたことで分解が加速し、無数の微細片となり、そうして私を窒息させそうになったのである。

酸化型分解性プラスチックが登場するのと同時に、私はその「見えない、つかめない」という性質に嫌なものを感じた。このプラスチックは非常に速く崩壊して微細な破片となり、すぐに肉眼では見えなくなる。だが、この目に見えない微細な破片が、次に何を引き起こすのかはわからない。見えないこと、そして、わからないことというのは、まったく安心ならない。いくら埃を絨毯の下に押し込んだり、死体をクローゼットに隠したりしても決して消えはしないように、この微細な破片も消えることはないのである。

自分が健康被害に遭ったことで、私の研究に拍車がかかった。経年劣化していくプラスチックの物理化学的な反応についての研究だ。その後の数ヶ月で、私は、いかなる細部や不確定要素も無視することなく、そして自分の無知の可能性も勘定に入れ、そのテーマについて知っていることをくまなく検討していった。想像上のテーブルにすべての情報を広げ、構造化して考察し、なんとか結論にたどり着こうとした。私は今までプラスチックについて教え、改良に携わり、専門家としてプラスチックを関心の中心に置いてきたにもかかわらず、明らかに先見の明に欠けていたのである。

こうして、とうとう、私は長年感じていながら自分の職業的良心の隅に押しやってきたことを明らかにした。私が経験した出来事は、未来を望遠鏡で覗いたときに見える、将来起こることの見本例のようなものだったのである。あのとき、私は、すべての使用済みプラスチックがそれぞれの速さで無数の微細片や微粒子へと変化するときに起こること、そして、それらが人を殺す塵となるときに起こることをかいま見たのだ。私が吸い込んだのは、いわば、海に漂うマイクロプラスチックのスープのようなものだ。それは今から一〇〇〜二〇〇年後、もしくはもっと早い時点で、私たちの子孫にとっての脅威となるはずである。

ポリマー鎖中の炭素が持つ軽快に動く手（結合部分）は、ちょっとしたきっかけで次第に離れ、短い鎖となっていく。このプラスチックの経年劣化は、劣化を促したり遅らせたりする添加剤の有無に関係なく生じる避けられないプロセスである。つまり、これが起こるのは時間の問題なのだ。したがってこの問題をどの方向から検討しても、それ以外の状況になり得るとはどうしても考えられないのである。

新たな戦場に向かう司令官のように、私は行動規範を定めることにした。それが以下の三つである。

一　たとえ現実がどのようなものでも、絶対に目を背けることなく、現実と向き合うこと。
二　自分の科学者としての努力の目指す方向が、自分の利益を超え、自分の生きている時代の先にも通用するよう、できる限り遠い未来、遠くの場所に目を向けること。そして視野を広く保ち、知識による偏見を持たないこと。
三　製品につけられた、これ見よがしに「エコ」を謳うロゴに警戒すること。その手の表示があってもなくても、面倒くさがらずにラベルに書かれた小さな字をしっかり読むこと。

正直にいうと、単純で喜びに満ちた気楽な生活が何より好きな私は、この決意を実践に移すのにかなりの時間がかかった。私はいつも衝突を嫌ってきた。自分の得意分野をひけらかすのはよいことではないと思うし、相手が働き盛りの有能な男性の場合には面倒事も起こる。けれども、私はかつてないほどの意欲を持って酸化型分解性プラスチックに対する反対運動を行い、シンポジウムや会議に出ては、酸化型分解性プラスチックがよいものだというのは間違いであり、その考えを捨て去るよう企業に勧告しつづけた。それを伝えたいと思う相手に応じて説明を変え、様々な形で説得を試みた。ときには、微細な破片が存在しつづけることだけでなく、酸化促進剤が毒性を発揮する可能性についても説明を行った。

この活動は非常に難航した。男性が多数を占めるこの分野において、女である私の発言がこれまで何回無視されたかわからない。他にも、女性ならではの苦労があった。ロンドンで行われた「革新的なプラスチック」に関するシンポジウムに出席した私は、自分の発表の持ち時間の一部を割いて、酸化型分解性プラスチックを理想的なものだというメーカーの主張に反論した。発表を終えたとき、ある大手化学産業グループの代表者が私と話をしたいといって名刺を差し出してきたので、私は話に興味を持ってもらえたのだと思って喜んだ。だが、のちほど、その男性は私と夕食に行ってあわよくば親密になりたいだけだということがわかり、ひどく落胆したものだった。「酸化型分解性プラスチック」の方も、なかなか手強かった。たとえば、私が活動を始めてからだいぶ経った二〇〇五年にも、二人の議員によって国民議会で「ネオサック[1]（Néosac）」導入の支持が提議された。ネオサックとは、酸化型分解性プラスチックでできたバッグで、（これが本当に自然に還ると信じる人にとっては）環境保護の意識を満足させながら買い物をするのに理想的なものだった。また、その議員たちには、これがアジアとの競争で数千人もの雇用が脅かされている自国のプラスチック産業を救う唯一のチャンスに見えたのである。

だが、結局、フランス国立廃棄物独立情報センター（ＣＮＩＩＤ）の発表により、このプラスチックが実際には分解せず自然界にとどまることが明らかにされた。酸化型分解性プラスチックは、光や湿気、酸素や温度の影響を増幅させる二つの添加剤によって、その細片化が加速される。だが、これまでこのプラスチック細片を消化吸収するような地中の微生物の存在は証明されていない。人間の寿命をはるかに超えて残留しつづけるのである。

酸化型分解性プラスチックは確かに細片化はするが、その微細な破片が生分解されることを示す証拠は一つもない。これは、些細なことに思えるかもしれないが、非常に重要なことなのである。「あなたはその微細な破片が自然に還るレベルまで分解せず、いつまでも残るということを証明できたのですか？　どの程度の期間の観察でそれを判断しているのですか？」私は何度こう訊かれたかわからない。信じられないことだが、私には微細片が残留することを証明せよというのに、メーカーには、微細片が自然に還るレベルまで分解されるという証明を求めないのである。これは明らかな証明責任の転嫁である。有罪性が明示されなければ、その製品は無罪であるというスタンスは予防原則の真逆である。このプラスチックの有罪性の証明には、莫大な費用と時間と困難を伴う。経済的にそれができるのはメーカーだけだが、その彼らはこの危険性を証明しても何の得にもならない立場にある。

結局、私たちは二〇一五年の「エネルギー転換法」第七五条で、一度しか使われない、いわゆる使い捨てのレジ袋や、酸化型分解性プラスチックの包装材や袋の使用が禁止されるのを待たなければならなかった。その三年後の二〇一八年、欧州委員会もフランスに続いた。酸化型分解性プラスチックという名称は、いかにも分解するかのように消費者に思われているが、実際には、自然環境において細片化はしても自然に還るレベルまで分解されることはないと公に示したのである。(2) このプラスチックの微細片を長期間、自由大気(海抜1〜11キロメートル)中、地中、埋め立て地、海中のいずれに置いても生分解性は示されなかったのだ。

私は安堵のため息を吐いた。しかし、その措置は見かけほど抜本的なものではなかった。酸化型分解性プラスチックはまだフランスに残っていた。たとえば、酸化型分解性プラスチック製の農業用シートは、袋でも包装材でもないため、まだ使われていたのだ。何事についてもそうだが、禁止措置の実施は一筋縄ではいかないものである。このプラスチックを禁止する法律の施行から四年後、私はバイオショップで伸びのよい食品包装用の酸化型分解性ポリエチレンフィルムのロールが売られているのを見かけた。その入れ物には緑色を背景にした大きな字で、「この製品は毒性残留物を出さず、完全に分解して自然に還ります」と謳われていた。その後すぐ、そのメーカーの社長が私の研究室に立ち寄ることがあったので、私は彼にそのフィルムのロールを見せた。彼は驚くほど無関心な態度でこういった。「ああ、これは法の網をすり抜けたやつだな」

酸化型分解性プラスチックに関する経緯を見れば、新素材に関して学術研究、企業、公的機関が少しポーズを置きながら進む三段階の動きがよくわかる。まず、研究者が新素材を発見し、導入してその可能性を広げるのが第一段階だ。企業がその素材に市場が存在すると思ったり、もしくは市場を創出できると思った場合、そのアイデアを素早く取り入れて発展させるのが第二段階だが、一方で、研究者たちは同時にその素材がもたらす望ましくない影響を懸念して調査を開始する。第三段階では、公的機関が、ときには少々遅れて腰を上げ、蓄積された知識をすべて入手して、発明された素材の危険性を伝える。次に、その実施や規制に関して、認可、制限、禁止を行う立場の行政官庁が見解を発表する。

この道のりは長く、不安定で紆余曲折に満ちており、些末なことで重要な活動が妨げられることも多い。その些末なことによって、圧力や怠惰、ご都合主義、知識不足による無能さなどが幅を利かせ、すべての過程の邪魔をする。したがって、その結果講じられる措置は根本的で直接的なものにはなりにくい。そのため、適用範囲や期間の緩さなど、引っかからずに済む迂回路があることが多い。過去の例でいうと、フランスでは、アスベスト（石綿）の危険性が発覚してからその使用が根本的かつ決定的に禁止されるまでに五〇年もの歳月を要し、その間に何万人もの人々がアスベストのせいで早すぎる死を迎えている。

いずれにせよ、細かい点は別としても、加速するプラスチックの危険な細片化を食い止めるために、公的機関は活発に動きはじめたのである。

バイオプラスチック：生物への回帰

二〇〇〇年代になると、人々は「バイオ（生物資源）」と名のつくものに夢中になった。この言葉は燃料やプラスチックの名称の頭につけられて、それらが化石資源ではなく、様々な植物資源、たとえばサトウキビやトウモロコシのでんぷん、菜種油などから作られていることを示している。こうして、科学者と産業界は、将来起こり得る石油不足に対する不安を鎮めるための奇跡的な解決策を見つけたつもりになっていた。

「バイオエコノミー」の時代の合図とともに、昔から私たちの食、住まい、移動に使われてきた農業資源と森林資源が、エネルギーやプラスチックに変えられる「バイオリソース」となっていった。もちろん、石油化学産業やそこで製造されるものはそのまま存続し、昔のように木箱を使うようになることもなければ、ましてや、この巨大な業界に大混乱をもたらすことなどなかった。ただ単に、石油からではなく、本来なら食料となる農作物から作られたエチレンによる製品が供給されるだけの話であり、これは私たちのプラスチック消費の欲求を満たすためにただ頭だけで考えた、無限にリサイクル可能な資源だったのである。

この論理は人々を魅了した。というのも、これはプラスチックから受ける恩恵を維持できるだけでなく、拡大するものだったからである。畑でガソリンや買い物袋を作り出せることに、石油不足への不安を感じていた当時の大勢の人々が胸をなでおろした。食料価格の高騰を予測する人は誰もいなかった。そして、将来、この不安の代わりに、私たちの石油消費によって溢れ出たゴミで苦しむようになるとは、誰も想像さえしなかったのである。

では、生物由来のプラスチックはどのようにして作られるのだろうか。ミニレゴで遊ぶことに変わりはないが、そのミニレゴの素材を、石油由来から植物由来のものに置き換えるということだ。植物由来のミニレゴの作り方は、石油由来と比べて複雑だ。非常に小さいレベルの話になるが、植物由来のミニレゴは、トウモロコシのでんぷんのような、最も単純で豊富に存在する植物性のポリマー鎖（ネックレス）を化学処理によって切り分けることで作られる。この切り分けられたモノマー（真珠）が糖である。[3] こうしてトウモロコシの糖という真珠の状態になると、才能豊かでかいがいしく働く微生物の餌となる。微生物は代謝によってこの糖をエタノールに変えるが、ここで、それが最大限に得られるようにバイオ技術工学者が後押しをする。ちょうど酵母の力でブドウジュースがワインに変わるのと同じように、この微生物たちの力でトウモロコシやサトウキビ由来の糖がエタノールに変化するのである。次に化学者は、微生物の作ったこのエタノールから水分子をもぎ取るために手を加える。それにより、二つの炭素原子は再び二重結合で結びつくことができ、エタノールは姿を変えてエチレンとなる。そう、第一章で記したあのミッキーマウスである。

この生物由来のエチレンは、その後、石油由来のエチレンと同じ工程を経ることになる。つまり、プラスチック生産の通常の化学的な工程に入り、「生物由来の資源を原料にした」という肩書を持って、ポリマー生産に使われるモノマー（真珠）の役割を務めることになる。最終的には、「バイオポリエチレン」や「バイオＰＥＴ」は、親族といえる「石油由来ポリエチレン」や「石油由来ＰＥＴ」と厳密に同じものとなる。つまり、石油由来プラスチックと同じように、耐久性、可塑性、細片化する性質、そして、自然環境に長く残る性質を持つのである。

この手品によって、生物由来のプラスチックは、私たちが石油不足の不安から逃れ、政界・経済界・財界を安心させるものとなっただけでなく、ここに、「石油化学」というレッテルよりもはるかに心地よい、「バイオ」という言葉の栄光の輝きをまとうことになった。

私はというと、すでに葉を用いた包装材の分野を断念し、モンペリエ大学内に立ち上げた研究所で、公式にバイオ・アクティブ・インテリジェント・パッケージの研究に従事していた。そこで小さな学内独立研究チームを組織したが、資金不足でその研究の拡張ははかばかしく進まなかった。また、世間の認知度も低く、存在感もあまりなかったが、それでも私たちはプラスチックの食品包装の長期的な環境耐久性に関する知識を深めていった。だがまだ何の成果も上げられず、研究所という名にも値しないほどの、文字通り無からの出発だった。

バイオポリエチレンやバイオＰＥＴのように残留する生物由来のプラスチックは、たとえ、その行く末を注意深く追跡できたとしても、私たちが自由意思で選び未来を託す研究対象の包装材の範囲からは即座に排除された。生分解性ではないこれらのものからは、まさに石油由来のポリマーと同じゴミ問題が生じるためだ。

他の研究の最前線にも興味を持った私たちは、なかでも特に、石油化学由来だが、地中で生分解可能なプラスチックを発明したイタリアの研究に注目した。エチレンの構造中に少々酸素を入れることで、地中の微生物が消化できるよう、ポリマー鎖の重なり（つながり）に酵素のはさみを入れられるようにしたというものだ。このポリマー[4]はしなやかな半透明のフィルムを製造するために、トウモロコシまたはジャガイモのでんぷんに三分の一の割合で混ぜて使われる。

私たちは、天然のポリマーであるでんぷんがこの混合物に占める割合を増やすために協力をすることにした。けれども、たいした成果もなく、その研究は実らずじまいとなってしまった。最終的には私たちのチームの力を借りずにこの研究は成功し、後年、果物や野菜の包装材として、禁止された酸化型分解性プラスチックの包装材の代わりにこの素材のフィルムが使われるようになった。現在、スーパーで見ることができるが、この半透明の素材は破けやすく、軽くて触り心地がよく、地中で完全に生分解される。このおかげで、当然のことながら、私たちの環境中にあるプラスチックゴミの細片化や蓄積に関する不安は和らいでいった。

一方で、私は別のプラスチックの「偽の生分解性」に不安を感じていた。それは、ポリ乳酸（ＰＬＡ）である。このプラスチックはバイオポリエチレンと同じようにして作られる。まず、トウモロコシのポリアミド（でんぷんのポリマー）を細かく切って糖に変え、その糖を微生物に餌として食べさせる。この微生物は別のモノマーの真珠である「乳酸」（ヨーグルトの酸味もこの物質を作るバクテリアによって作られている）を吐き出すように遺伝子操作されている。次に、高分子化学者たちはこの乳酸同士をつなげて、ポリマー鎖を作っていく。そうしてできたＰＬＡは六〇℃以上で軟化し、この温度を超えるとポリマー鎖間の引き寄せ合う力が消えていく。この点以外は一般的なプラスチックと非常によく似ている。

私の目にＰＬＡがいわくつきに映るのは、一般的な生活環境の条件下では生分解しないのに、「生分解性」とされていることである。微生物がこのＰＬＡを分解するには、数ヶ月の間六〇℃以上という定められた温度を保つことが必須条件である。この条件が満たされた状態で相当の時間をかければこの物質は炭素の自然サイクルに戻っていくが、自然な温度条件下ではそうはならないのである。したがってこの物質は、残留するプラスチックには分類できないし、自然環境下で分解する生分解性物質というカテゴリーにも収まらないのである。

私たちがゴミを捨てるとき、このＰＬＡの曖昧さを理解して、うまく対処するのはとても難しい。ＰＬＡのゴミは堆肥化可能とされているが、庭に埋めても決して自然には生分解しない。この矛盾のせいで私はこの素材に近づかないようにしているし、また、このプラスチックも生分解されないプラスチックと同じように長く残って、いつか同じように北極の氷のなかで発見されることだろう。しかし、研究者たちのＰＬＡに対する熱中ぶりは、実業家たちに負けないほど強いものだった。今日、ボボズ（リベラルでカジュアルな生活を好む一九九〇年以降に勃興した新たな富裕層）たちの界隈では、食べ物はＰＬＡ製の容器に入れて持ち運ばれている。食器やグラスには、まるでビーガン（肉類のほか動物由来の食品を一切とらない菜食主義者）認定マークのついたスムージーのボトルのように「堆肥化可能」と謳われている。

私たちのチームの研究対象は、別のタイプのポリマーである「ポリヒドロキシアルカン酸」（ＰＨＡ）を基本としたバイオプラスチックへと移っていった。これは生物由来で、最初から最後まで微生物によって作られたものであり、地中のバクテリアによって完全かつ簡単に素早く消化される。私には、これが石油由来のプラスチックの代替品として最も興味深いものに見えた。実際、この素材は食品の保存に完璧な性能を示し、微細片となって何百年も残る危険もまったくないのである。

　このＰＨＡは糖類を餌として微生物を培養することで得ることができる。このとき、微生物が栄養過多の状態と飢餓状態とを繰り返すように餌を調節する。その目的は、微生物たちに栄養を蓄えようというスイッチを入れさせるためである。それは、ダイエットのために厳しい食事制限をすると、かえって前より太りやすくなり、リバウンドどころか、前よりももっと太ってしまうようなものである。どのような生き物も、このような扱いを受けると、食料があるときに飢餓に備えて体内に栄養を貯蔵しようとするものである。この餌を与える／与えないを不規則に繰り返すことによって、この微生物はポリマーを産出し、体内貯蔵栄養として備蓄する。現在では、ほぼ世界中で、生物工学者チームが、ＰＨＡの生産方法の効率化に力を入れている。

　私たちのチームは、フランスではほとんど手がつけられていない分野である、包装材による食品ロスの削減に力を注いだ。包装材としてのＰＨＡの特性を研究しながら、私たちは小麦のたんぱく質、キャッサバやトウモロコシのでんぷん、ブドウの蔓や藁《わら》の繊維といった、植物によって作られた数々の天然ポリマーの可能性も探りつづけた。

　自然界にある天然ポリマーというのは、微生物または化学合成によるプラスチックポリマーとは比較にならないほど多様性に富み、複雑で変化しやすく、一言でいえばなかなか思い通りにならないものだ。だが、自然が相手の場合、対象となるもののよさを引き出すためには、その前にじっくり時間をかけてなじんでいく必要がある。それは、子ども時代に田舎の生活が私に教えてくれたことであり、植物の葉による包装の研究のときにも思い出したことだった。研究所では、ポリマーの性能を改善しながら生分解性を保つために、天然のポリマーが変性しすぎないよう入念に気を配った。私たちはまるで「地球の生物地球化学的循環に対する尊重」と「植物素材の取り扱い」の間で危うい綱渡りをしているようなものだった。何度も転んでは毅然として立ち上がり、満足できるものを作り出すために努力を続けていった。

自然環境下での生分解性と食品包装としての性能とのよりよい妥協点を見つけるため、私たちは天然ポリマーとPHAをかけ合わせることにした。すると、すぐに確実な成果が得られた。つまり、研究は成功したのである。

一〇年後、強度の高い石油由来のプラスチックの信頼できる代替品として、私たちは微細片が残留する危険性ゼロの素材を発表することができた。もちろん、非常に細かい特定の要求を満たすプラスチックに完全に取って代わるようなものではなかった。つまり、私たちの素材は石油由来のポリマーほど透明でも丈夫でもなければ、見た目が美しいわけでもなかったのである。それでも、容器や包装に用いるプラスチックの代替品を探していた人たちを満足させるものだった。

二一世紀の初頭には、生物由来・生分解性のどちらか、または両方を満たすバイオプラスチックの生産工場が生まれ、次々と作られていった。数年のうちに、アジアはバイオプラスチック生産の中心地の立場を固めていった。そしてアメリカ合衆国やブラジルのように、安価なトウモロコシやサトウキビ、または安い労働力、もしくは両方を備えた国がそのあとに続いた。

しかし、私はバイオプラスチック産業の発展に気を揉みつづけた。食資源や農地を食品生産以外の目的に使用することは、長期的、世界的な観点から見てよくない方向に進むものだと思えたからだ。ブラジルのサトウキビ畑がバイオPETを生産するために使われるということは、その分、人間の食料を作る農地が減るということだ。人間のプラスチックに対する飽くなき欲望を考えると、バイオプラスチックが普及するということは、地球上の食料が奪われることなのだ。最終的には、北半球の私たちがバイオプラスチックを消費しつづけるために、南半球の人たちが飢餓に追い込まれる危険を冒すことになりかねない。つまり、これは全員がよりよい生活を送るための持続可能な進路の追求というよりも、現代の消費社会の持つ不安を食い止める経済的・政治的な方法である。私は再び頭を悩ませた。私たちの消費傾向が織り上げる無限の蜘蛛の巣から、どうやったら私たちは抜け出すことができるのだろうか。私はこのジレンマの一部でも解消しようと、人間や動物の食料として使われることのない農業廃棄物からバイオプラスチックを生産する研究を始めることにした。

リサイクルしろというのも的外れ

プラスチックがもたらす問題の解決策を見つけなければならないと考えた石油化学業界は、リサイクルの研究を開始した。プラスチックがもたらしかねない被害から消費者を守る必要性が次第に有無をいわせぬものとなり、私のＥＦＳＡでの仕事も増えてきた。犯罪捜査のように、毒物学、医学、化学、数学といったあらゆる分野の科学者を集めた専門家討論会が開かれて、私も食品に接触するプラスチックの衛生安全に関する調査に参加した。この調査の間、私たちは入手可能なすべての科学データを検討した。そして、専門家のあらゆる意見や主張をグループで分析したり、討議した上で、ＥＦＳＡの「意見」や「勧告」を公表した。

ここで、プラスチックの安全性に関連する重要なテーマが取り上げられ、必然的にＥＦＳＡはその研究を行うことになった。つまり、プラスチックのリサイクルの研究である。

プラスチックは、使用後きわめて長期にわたって残留する運命にあるため、完全に消える前に再利用する時間はたっぷりある。では、地球上に長く残るのは仕方がないのでその間何かに使えばよい、と考えればいい。使って汚れたシーツは、家庭でも外でも、誰かが洗ってまた使われている。私たちの周りで役に立っているもののほとんどは、そうやって使われているのだ。プラスチックを再利用すれば、生産量は抑えられ、蓄積しはじめたプラスチックゴミが多少なりとも減少する。独創的とはいえないものではあるが、リサイクルというこの考えに私は希望を持った。

この時代までは、「リサイクル」が環境汚染の打開策として認識されることはあまりなかった。どちらかといえば再利用は節約を目的としたものであり、往々にして、経済を不活性化させ、雇用の減少を招くものとして、ときには露骨に非難されるものだったのである。新しい品物を買うことは、雇用の増加を目指す国家努力に貢献することであり、人類の進歩と変化への欲求を支持するものだった。しかし時代は変わって、ゴミの管理が私たちの負担になりはじめていたのである。

私の考えの背景には、常に細片化したプラスチックの残留への大きな懸念があった。そのため、どう処理すべきかわからない使用済みプラスチックを、リサイクルによって「働かせる」ことにより、その危険性を減らす方法を発見したと思えたのだ。

ところが、ここにも落とし穴があった。プラスチックは、形、色、耐久性に対する私たちの要求に完璧に応えるように作られているとしても、使用しても汚れなかったり、汚れても使用後に元の状態に戻るように作られてはいない。これは、ポリマー鎖の三次元網目構造がスポンジのように働くためだ。この網が、最初から加えられている添加剤を保持してくれるのだが、それにとどまらず、何か機会があれば、容易に他の物質を受け取るのである。

プラスチックの表面は、使われているうちに様々な小さな物質と触れ合うが、その物質と相性がよければ、自らのなかにそれを吸収していく。プラスチック製のコップでパスティス（香草〔アニス〕の香りをつけたリキュール）を飲んだことのある人なら、そのコップにパスティスの琥珀色がついていたり、別の飲み物を入れたときにパスティスのアニスの風味がしたりすることに気づいたことがあるはずだ。

この不愉快な現象は化学的に説明すると次のようになる。パスティスの風味づけに使われるアニスの香りの成分はアネトールといい、プラスチックのコップのポリマー鎖の三次元構造の網となじみやすいものである。つまり、アネトールはポリマーのなかの迷路の奥深くに入り込んでしまうため、水や他の飲み物と接触しても、徐々に外に出てくるということはない。このプロセスは「疎水性」といわれる性質をもつすべての物質に起こるが、プラスチックはそういった物質を奥まで吸収し、取り込んだものをなかなか離さないのである。したがって、プラスチックを再利用できるようにするには、使用中に吸収して奥に取り込んだ汚染物質をすべて取り除く必要がある。だが、それは簡単なことではない。

リサイクルの難しい点は、その運用が許可される前に、安全性を徹底的に確認する必要があるということである。たとえば、リサイクルされたプラスチック製の飲料水のボトルは、新品未使用のボトル同様に、消費者の健康に関する法に合致したものでなければならない。プラスチックの素材が石油化学工場から直接出荷されたものであれば、その品質が法に適合したものであることはわかっている。しかし、何千もの人々のゴミ箱から回収された、どのように使われたかわからないものをリサイクルして使うとなると、そこには危険が伴うのである。

欧州の保健当局は、リサイクルされたプラスチックの安全性を確立するためのガイドラインを策定した。というのも、これ以前にプラスチック添加剤の食品への移行に関連する騒ぎがあり、欧州は痛い目に遭っていたからである。そのため当局は、使用後にリサイクルされたプラスチックが汚染されている場合の新たな危険性を排除するため、慎重になっていたのである。ポリマー中の物質の移動に関する最新の研究に励んでいた私は、リサイクルプラスチックの安全性確保のためにＥＦＳＡで生まれたばかりの作業部会への参加を志願した。

ここで、「リサイクル」という言葉の裏に隠れていることを説明したい。私自身、これを正しく理解するのには時間がかかった。というのも、この言葉は何度もかみ砕かれたために、本来の姿から大きく形を変え、まるで味がなくなるまでかんだチューイングガムのように、多くの意味やニュアンスを失っているからだ。「リサイクルする」というのは、新品のときと同じ使い方ができるように、使用前の元の特性を持たせたものにする、という意味である。

したがって、ある程度の期間使用された製品のリサイクルは「クローズドループリサイクル」であることが重要だ。クローズドループというのは「閉じた輪」という意味で、このリサイクルのシステムはある製品を再び同じ品質の同じ製品に再生し、無限に循環利用するというものである。この例は多く、一本のボトルをリサイクルするにも様々なクローズドループリサイクルの方法があり、それぞれが多少なりとも手間のかかる複雑な工程となっている。ここでは、簡単なものから順に五つの方法を紹介する。

一つ目の、最も簡単なクローズドループリサイクルは、水と洗剤で洗浄する方法だ。こうして再使用されるものに、たとえば、デポジット制（製品販売時に預り金〔デポジット〕を価格に上乗せし、消費者が使用済み製品を回収システムに返却する際に預り金を返還する制度）の瓶がある。私の祖母が毎晩、外階段の下に一フラン硬貨と一緒に置いていたガラスの空き瓶は、翌日の夜明けには、私の大好きな搾りたての牛乳が入れられて戻ってきた。この簡単な再使用法は、プラスチックのボトルには適用できない。というのも、プラスチックは多孔質素材のような働きをするため、表面の簡単な洗浄では元の清潔な状態にはならないからである。

二つ目の方法は、もう少し時間と労力を要するもので、プラスチックボトルが吸収した汚染物質を根本的に取り除く方法である。これは「メカニカルリサイクル」といわれ、特にＰＥＴボトルのリサイクル方法として使われているもので、私は欧州の消費者の安全のためにＥＦＳＡでこの方法を研究していた。メカニカルリサイクルとは、素材を粉砕して十分に加熱し、内部に溜まった汚染物質を小さな分子にして拡散させ、空気の流れや吸引によって、この好ましからざる小さな分子をポリマーの網から除去する方法である。このリサイクル方法では、プラスチックのポリマー鎖もモノマーの真珠も解体されることはない。

三つ目は「溶媒抽出リサイクル」と呼ばれるもので、物質の三次元構造を解体し、目的とする成分と有害物質を選り分ける方法である。プラスチックを大量の溶媒に浸すと、プラスチックのポリマー鎖同士が離れ、一本ずつ分離していくので、それらを浄化し、再構築するのである。最終的には処分することになる大量の化学溶剤が必要となるが、この方法ではあらゆるサイズの不純物を除去することができる。

四つ目は「モノマーリサイクル」というもので、組み立てられたミニレゴの解体をさらに進める方法だ。ポリマー鎖が化学物質や微生物の酵素の攻撃を受けると、モノマーの真珠がばらばらになって解き放たれるが、このときに不純物を取り除き、再び集めて鎖状につなぎ合わせるのである。これは大がかりな作業といえる。

最後の五つ目は、生分解および光合成によるもので、これは一番時間がかかる最も壮大な方法、つまり、炭素循環によるリサイクルである。これが成り立つには、地中の微生物や、風、太陽、湿気の助けが必要である。これらによって、ポリマー鎖はモノマーの真珠よりもさらに小さいものへと分解され、その分解は炭酸ガスや水といった非常に小さな分子の段階まで進んでいく。そしてこれを植物が吸収し、栄養として取り入れ、また元のでんぷんなどに戻るのである。このリサイクルは、最も完成された、果てしなく繰り返すことが可能な唯一の方法である。これは生態系によって成り立っているため、私たちが何の努力もしなくても、季節の流れとともに一定のリズムで進行していく。自然環境下で生分解するよう考案されたものを除いて、この方法はプラスチックには当てはまらない。というのも、プラスチックが根本的な成分にまで分解されるには、何百年もかかるからである。

産業界はクローズドループリサイクルに興味を持ち、ＥＦＳＡも二つ目の方法として紹介したメカニカルリサイクルに注目した。この技術は実際、かなりシンプルで、費用をほとんどかけずに、処理すべき大量の無価値なプラスチックゴミに対して有効な手を打てるのである。このリサイクルにかかる時間の大部分は、分類したプラスチックを細かく裁断し、表面を素早く水で洗浄したあと、大きな圧力鍋に入れて熱し、そこで汚染物質を蒸気に変えて、ガスやポンプの力を借りてプラスチックから追い払うという処理に使われる。

ＥＦＳＡの作業部会にいた私たちの目的は、リサイクルされたプラスチックが食品接触材の安全基準を満たしていることを保証するために、メカニカルリサイクルの産業技術でプラスチックから揮発性の汚れが十分に取り除けるかどうかを確認することだった。

しかし、すぐに私たちはこの仕事の規模の大きさと難しさに圧倒された。素晴らしい素材といわれたプラスチックも、浄化に関しては、もはやそうとはいえなかった。プラスチックのコップにオレンジジュースを入れると、ポリマー鎖はオレンジジュースのいくつかの分子を取り入れるが、メカニカルリサイクルの工程を踏むとき、このポリマー鎖はまるで恋人から引き離されるかのように、このオレンジジュースの小さな分子を捕まえている手を放すよりも、むしろ自身が壊れる方を選ぶのである。さらに、メカニカルリサイクルは最も軽い小さな分子、つまり、熱でガス化するものしか取り除くことができない。ということは、有害物質の可能性がある大きな分子は、プラスチックからは取り除けないのである。具体的には、たとえば廃油を入れていたプラスチックの空き箱を無害化しようとしても、それは不可能だ。また、リサイクルしようとしているプラスチックの小瓶が、液漏れしている古い電池と一緒にゴミ箱に捨てられていたら、そのプラスチックにはおそらく水銀が付着している。メカニカルリサイクルでは水銀のような重金属を取り除くことはできないのである。

私たちのチームは、PETのリサイクルの研究に限定することで意見が一致した。というのも、よく使われているこのPETは、最も高密度で不活性なプラスチックであるため、深部が汚染されにくいからである。したがって、特に汚染されているのはポリマー鎖の網の表面部分であるため、他のプラスチックと比べて浄化が容易なのである。また、PETは添加剤の含有量が最も少なく、主に飲み物の容器に使われているため、使用済みのボトルの出どころがわかりやすく、管理も比較的簡単だ。

こうして私たちは「リサイクルされたPET（rPET）」に入れられる食品が、使用済みボトル由来の有害物質によって汚染される可能性を「受け入れ可能なレベル」――残念ながらリスクゼロということはあり得ない――まで減らす仕事に取りかかった。私たちは三つの判断基準を取り入れることにした。リサイクルに持ち込まれるものの素材の質、除染の工程の効果(有効性)、リサイクルプラスチックの最終的に予定されている使用方法である。たとえば、乳児のための哺乳瓶を製造するなら、最も高い除染レベルが要求される。というのも、安全はすべての人に対して保証されなければならず、そのなかにはもちろん赤ちゃんも含まれる。赤ちゃんというのは大人よりも感度が高い上、プラスチックの哺乳瓶からミルクを飲むことが多く、ときにはその哺乳瓶のミルクだけで育てられることもあるため、あらゆる汚染の影響を非常に受けやすいからである。

こうして私たちは膨大な量の複雑な数値計算を行いながら、食品容器に使うrPETに関しては、食品容器包装以外に使われていたPETの比率の限度を五％とするというような、わかりやすい要件の策定を目指していった。

食品容器包装用PETボトルを再利用可能にする方が、ゴミ捨て場に積み上げたり焼却場で燃やしたりするより有意義であるため、私はこの仕事に夢中になって取り組んだ。これがうまくいけば、紙やガラスのように原料を採りにいく必要がなく、ゴミの山を減らせるのである。

PETのリサイクルについてのガイドラインと、企業に提出を義務づける情報のリストの作成を終えると、私たちの作業は認可申請の審査という山場に入った。企業が提示する食品容器包装用PETのメカニカルリサイクルの技術を一つ一つ審査していくのだ。時間に追われ、短期間で審査を迫る書類の山に圧迫感を覚えたが、私たちは、情報の一つ一つを丹念に調べ、徹底的に分析した。また、私たちの記すどの意見も、言葉の一つ一つまで入念に検討された。イタリアのパルマにあるEFSAのガラス張りのビルの同じ部屋に閉じ込められるようにして、私たちは何日もの間延々とその作業を続けた。コーヒーはまずく、魅惑のイタリアの甘い生活《ドルチェ・ヴィータ》は会議室のドアの向こうのはるか彼方にあった。私たちは細かい数字に関して飽くことなく議論し、同じ語句について何度も検討を重ねた。こうして、とうとう一つの結論に達した。それは、ｒＰＥＴは消費者の健康に重大な被害をもたらす可能性は非常に低いといえるほど、その汚染の可能性は低いと考えられるというものだった。ＥＦＳＡの同僚と私はその理由の説明を行って、この技術に対する肯定的な「意見」を五〇ほど発表した。

しかし、後日、事態は私たちの意図とは決定的にかけ離れたものとなった。メカニカルリサイクルが際限なく利用できる方法として発表され、また、この発表が、プラスチックボトルがゴミにならないものだと消費者に信じ込ませるために使われたのである。私たちは、ＰＥＴが使用と除染のサイクルに何度も耐えることができ、このリサイクルがすべてのプラスチックに適用できることを証明するよう求められた。しかし、そんなことができるわけはなかった。現在わかっているのは、消費者を危険にさらす心配もなく同質の素材に戻せるプラスチック包装材は、ＰＥＴボトルだけだということだ。そしてその安全性は、一度の再利用のサイクルでしか保証されていない。後日、私はこの科学的事実を何度も思い返すことになるが、それについてはのちほど述べたいと思う。

ナノの世界と翼

同じ頃、新たな知識が研究者たちの間に興奮をかき立てていた。それは無限小の世界にある未開拓の素材の領域である「ナノメートル」の世界へと向かうものだった。

小学生の持つ定規で一ミリメートルを確認し、その一〇〇〇分の一を考えてほしい。その長さが一マイクロメートルである。これは光の筋のなかに舞う埃一つと同じ大きさだ。この小さな埃をさらに一〇〇〇で割って得られるのが、私たちの社会の新たなテクノロジーの理想郷である「ナノメートル」の世界である。「ナノ」というのはギリシャ語で「小人」という意味だ。地球とオレンジの大きさの比が、人間とナノ粒子の大きさの比とだいたい同じになる。この大きさになると原子を一つ一つ扱うことができる。

ノーベル賞を受賞した発見がプラスチックの開発を飛躍的に推進したように、約二〇年後、一九八六年のハインリッヒ・ローラーとゲルト・ビーニッヒの二人のノーベル賞の受賞により、ナノテクノロジーの時代が始まった。その一〇年後、六〇個の炭素原子で構成されるナノサイズのサッカーボール状の構造を作り出した三人も、ノーベル化学賞を受賞した。すぐに学術研究界が、次いで産業界が、無限小の世界に進出していった。物質を解体したり、あるいは、個々の原子を組み合わせたりすることによって、ナノチューブ、ナノファイバー、ナノスフィア、ナノケージ、ナノシートなどが作られた。これらは炭素、ケイ素、そして、金、アルミニウム、カドミウム、セレン、セリウム、鉄、チタンといった金属によって構成されている。

この素材の操作によって、素材のどんな特性も強めることができ、あらゆる産業において多岐にわたる用途に使用可能となる。どんな素材の特性も最小化や最大化、もしくはその両方ができるのである。

自然界では、有機体が自然の力で高度なナノ構造を作っている。ウニのとげ、骨、貝等がそれにあたる。人間は、名も知らぬそれらの構造の恩恵を受けてきた。たとえば、人間ははるか昔から、粘土を湿布として用いてきた。それは粘土に含まれる大きく広がった層状のナノサイズの二酸化ケイ素が、大量の不純物を取り込んでくれるからである。一方で、人間はナノサイズの物質によって苦い経験もしている。その例がアスベストの断熱材で、そこに隠れていたナノ繊維が肺の組織に入り込み、人々は甚大な被害を受けている。コインに表と裏があるように何事にも表と裏があるのである。

しかし、さしあたって研究者たちが取り組んだのは、輝くコインの表の面だった。ナノ技術を取り入れた素材は、健康関連分野、エネルギー、環境、輸送、あるいは通信分野など、あらゆる分野への適用に関して非常に魅力的な見通しを伴うものだった。コンピュータメーカーであれば、チップの処理速度やハードディスクの記憶容量が数百万倍にもなることに無関心ではいられない。実際に、人間の体にナノロボットを送り込み、苦痛を与えることなく体内を調べたり、その場で患部を治療したりする可能性を知ったとき、私たちは敏感に反応した。たとえば、医学の分野では、鉄ナノ粒子を腫瘍に送り込み、マイクロ波プローブを用いて外部から加熱し、患者の体を開かずに癌組織を破壊することが考えられている。

こうして創造への陶酔の時代が訪れた。そこで展開される華々しいイノベーションにはプラスチックも当然関係してくる。というのも、プラスチックは、自らがナノ粒子になっていなければ、喜んでナノ粒子を迎え入れ、ポリマー鎖の網目のなかにとどめるからだ。プラスチックはマイクロメートルのサイズでイノベーションを起こしたときと同様に、素早く、しっかりとナノサイズの知識を我がものとしていった。たとえば、木やガラスや麻、または他のプラスチックなどの微小繊維と組み合わさってコンポジット（複合体）と呼ばれる素材となった。これは、元の素材より軽く、安価で耐久性のあるものとなり、すでにレジャー用品や交通機関、そして家財や建物などのあらゆるものに使われている。

ナノの世界は素材の力を大きく広げ、必然的に目覚ましい成果をもたらした。プラスチックは「ナノコンポジット」の波に乗り、鋼の六分の一の重さと一〇〇倍の耐久性、そしてケイ素の七〇倍もの伝導性を備えたカーボンナノチューブを生み出した。

このように、ナノテクノロジーを取り入れて変化したことで、プラスチック製品は驚異的に増加し、家やスポーツ施設、楽器、コンピュータのなかに入り込んでいった。バンパー、車体、防弾チョッキは、より軽くより耐久性の高いものとなった。車や飛行機は軽量化し、より少ない燃料で、より高い高度を、より速く進めるようになった。それに応じて、メディアが取り上げはじめたカーボンフットプリント（商品やサービスの原材料の調達から生産、流通を経て最後に廃棄・リサイクルにいたるまでのライフサイクル全体を通して排出される温室効果ガスの排出量を CO_2 に換算したもの）も削減させた。

飛行能力の向上によって世界の距離は縮まり、新しい世界が開かれた。そして数年後には、コンポジット素材により、有人固定翼機「ソーラー・インパルス」は驚異的に軽量化された。この飛行機は、太陽の力だけで飛ぶという、人類のとてつもない夢を実現したのである。

エネルギー分野では、プラスチックのナノコンポジットによって、風車の羽根はより軽くより丈夫なものとなり、光電池は、ケイ素を必要とする光電池よりも安価でより環境汚染の少ないものとなった。

銀のナノ粒子は、院内感染防止のために、外科手術台からトイレの便座にいたるまで、医療現場のあらゆるプラスチックの表面に用いられている。また、哺乳瓶の乳首や冷蔵庫の壁、性玩具の表面に用いれば、バクテリアの発生を遅らせることができる。

一方、まもなく、ナノテクノロジー市場の四分の一を占めようとしているのが食品包装業界だ。プラスチック包装材に取り入れられた粘土《クレイ》のナノシートによって、酸素のような小さい分子がなかの食品まで到達する速度を遅らせることができるが、これは、分子が包装材のなかを直線的なルートで通過せず、ジグザグに進むためである。またビールや飲み物も、ガラスよりも軽いプラスチックボトルでの保管が可能となった。

ナノの世界の冒険は魅力に溢れ、私もこれに抗うことはできなかった。私たちの生分解性プラスチックをより高性能で競争力が高く、より健康と環境を大切にするものにできることを期待して、そこにナノ技術を使うため、大規模なプログラムを立ち上げた。こうして、私たちは、クレイナノシートと鉄のナノ粒子を用いて、空気中の酸素分子を捕らえられるよう、生分解性プラスチックの機能を高めていった。当時、ナノテクノロジー専攻のヴィシュヌという学生がいたが、彼は私たちのＰＨＡのフィルムに大量のナノ粒子をきめ細かく付着させるためにわざわざインドから来てくれたのだった。このきわめて微小な粒子を付加することで、食品の酸化速度を落とし、消費期限を延ばすことが可能になった。こうして私たちのバイオ包装材は、時間と戦えるアクティブ・インテリジェント・パッケージとなったのである。

二〇〇〇年を迎え、プラスチックの恩恵に浴する世界の人々は楽天的になっていた。新技術があらゆるプラスチック製品の可能性を広げ、プラスチックがもたらす被害を食い止めようとしていたからだ。そして、企業や研究者、医療関係者、消費者や政治家たちが一体となり、バイオエコノミー、リサイクル、そしてナノテクノロジーの理想郷へと闇雲に突き進んでいったのである。

第4章 進行の加速

カーボンバランスからプラスチックバランスへ

二〇一五年、自然が目覚める初夏の心地よいある日のことだった。私は夫とともに、故郷のアルデシュ県の村を流れる川のほとりに散歩に出かけた。川沿いの道を歩いていると、一〇人ほどの楽し気な年配者のグループが、集まってハイキングに出発しようとしているのが見えた。その姿を一目見て、私たちは噴き出しそうになった。というのも、皆、鎧《よろい》で固めた兵士たちのようにおそろいのスポーツアイテム一式を身に着けていたからだ。大きなウォーキングシューズにウォーキング専用のショートパンツとTシャツ。胴や脇、臀部、胸部、そして鼠径部は立体的な補強材で強調されている。サンバイザーをかぶり、二頭筋にはGPS機能つきの電話のようなものが太いベルトで固定され、背には人間工学的に考えられた小さなバッグを背負っている。そのバッグにはベルトでカラーボトルが固定され、そのボトルからは軟らかいストローが顔の近くまで伸びている。そして両手にはウォーキングステッキが握られている。完全装備だ。

私たちはそのグループを追い越して先へ進んでいった。少し行くと、ラボーム渓谷が姿を現したので、私たちは歩を緩めてその美しさを存分に味わった。そこで、私は先ほどのグループと、彼らの装備の数について考えた。わざわざ選んで購入し、散策の間、我慢して身に着け、最後には使われずにしまい込まれることになる装備一式……。そんな兵士が身に着けるような装具を管理することは、サンダルと軽装で十分なこの土地を存分に楽しむ妨げにはならないのだろうか。もしかしたら、彼らは景色を楽しむよりもそうした格好をすることに満足しているのではないか。彼らが使っているアイテムは合成プラスチック以外に考えられない。というのも、スポーツの機会を増やし、楽しみを増大させることを想定されたスポーツ用のアイテムには、プラスチックの軽さがうってつけだからである。

他の場所でも同じことが起きている。浜辺や水中で使われるおもちゃや浮き輪、日除けマスク、ボール、パラソル、そして、雪山でのスキー用品はいうまでもないが、私たちにはこうしたプラスチック製品を使う欲求を制御できない。アウトドア用品店では、私たちの思いを形にしたプラスチック製のアイテムを売ることで商売が繁盛している。店がそうした商品の取り扱いをやめない限り、商売は成り立つといっていいだろう。世界の大富豪たちも、豪華なヨットのプラスチックの上でバカンスを過ごしている。社会的成功というものが、夏の間ターコイズブルーの海に浮かべるプラスチックの量でほぼ評価されるのである。

実際、プラスチックの支配から逃れられるものは何もない。海の環境の重要性を訴えたある女性航海家は、風の推進力で船がスピードを上げられるよう、船に大量の合成プラスチック素材を装備してレースに臨み、優勝を果たした。また、水上、陸上、空中を滑走することに情熱をささげる人々は、皆、肉体の能力を驚異的に伸ばし、最も過酷な自然環境へと乗り込むことを可能にするコンポジット素材を用いている。たとえ、こうした種目のスポーツマンが（サーフライダーファウンデーション〔海岸環境の保護を目的とした国際的な規模で活動するＮＧＯ〕のような）自然保護団体を立ち上げたとしても、彼らの使うものは木製ボートや麻縄、亜麻の帆とは程遠いものである。

　刺激的な滑走スポーツを考えなくても、普段の買い物で、私たちは十分プラスチックに浸かっていることがわかる。たとえば、スーパーから帰ってきて、小さなハムのパックを開ける前に、すべてのゴミ箱が無意味な包装材で溢れていたら、気になって仕方がない。私たちは溢れたゴミ箱を持って、急いでゴミ収集場所のゴミ容器に入れにいく。これで溢れるゴミが見えなくなって一安心だ。だが、そのあと、部屋に戻る階段をのぼりながら、後ろめたさがこみ上げてくる。目に入らなくなったあのゴミは、このあといったいどうなるのだろうか。

　フランスでは、一生のうちに一人当たり五トン以上のプラスチックゴミを出している。私たちの家のなかは、目の行き届かない隅々まで完全にプラスチックに支配されている。勇気があるなら、あなたも家のなかを一周りしてリストを作成してほしい。床や窓、天井、家庭用品、化粧品、電話、ポータブルＰＣ（物質として存在しないはずのデジタルの世界は、完全に物理的な物体に組み込まれている）、ＬＥＤ電球やホース、電気ケーブル等、あらゆるものが挙げられるだろう。また、悪魔は細部に潜むというが、政府が助成金を出して推進していた低エネルギー消費の家のエコロジーパフォーマンスの陰にも、プラスチックは潜んでいる。

氾濫するプラスチックは、私たちのごくありきたりな日用品にも取って代わっていった。モンペリエの店でイノシシの毛の木のブラシを探していた際に、私がそういったときの二人の若い店員の顔が忘れられない。彼女たちはこちらを見ると、目を丸くしてこういった。「木ですか？それで毛の？」

「ええ、柄が木製のブラシね。毛の部分が木ってわけじゃないわよ。毛の部分はイノシシの毛で……。ねえ、ここって整髪用品の店で間違いないわよね？」

彼女たちは考え込んだ顔をして、小声で何やら話し合っていたかと思うと、とうとう一人がこういった。

「あの、すみません、そういうものは見たことがないんですが……」

私は突然、未来に放り出されたような気がした。木製のヘアブラシがもう存在していない上に、若い店員たちに「このおばあちゃんはいったい何のことをいっているんだろう？」という目で見られたのだ。これではもうお手上げだ。私は少し頼りない感じのプラスチック製のヘアブラシを買って店をあとにした。五〇歳という、それほど高齢ではない年でこんな経験をするとは、と思いながら——。

実際のところ、世界のどこでも同じことが起きていた。例として、ナノテクノロジー専攻の学生、ヴィシュヌが、故郷のインドに帰省したときのことをお話ししよう。近所を散歩していたヴィシュヌはチャイを飲むことにした。キャラメル色で、カルダモンや生姜、クローブなどのスパイスで香りづけされたミルクティーだ。

一五年前には、通り沿いの露店の売り子は、熱いチャイを小さい素焼きのカップに入れて提供していた。その素焼きのカップは型に入れて成形されたものではなく、陶工の指の跡が残っていたり、焼いたときにひびが入ったりした雑な作りのものだった。そして、チャイを飲み干すと、どの客も皆、この一瞬しか使われなかった素焼きのカップを側溝に投げ捨てていた。放っておけば、そのカップは雨が降ったときに流され、そのうち粘土に戻り、大いなる自然サイクルに還っていくのである。

しかし、二〇〇〇年代になると、昔から使われてきたこの素焼きのカップはプラスチック製のカップに取って代わられた。プラスチック製のカップはとても薄いため、売り子はカップに伝わるチャイの熱さでお客さんが指を火傷《やけど》しないよう、二枚重ねにして提供している。しかし、そうやっても、カップは熱で変形してしまう。このとき「プラスチックから出てくる」においは、チャイのスパイスの香りでほとんど隠されて、誰も気づかない。そして、そのカップでチャイを飲んだあと、人々は今までしてきたように、そのプラスチック製カップを側溝に投げ捨てる。そこにはもちろん、他のプラスチックも、通りの水で運ばれてきた無数のゴミと一緒に山のように積み重なっていく。もし、近くにゴミ箱があれば、もちろんヴィシュヌはカップをゴミ箱に捨てるだろう。だが、結局、ゴミは最後にはほんの少し先のゴミ捨て場にたどり着くことになる。そのゴミ捨て場からは悪臭がする上、川の水を怪しげに濁らせるため、ゴミ捨て場の隣に住むヴィシュヌの両親は不安を感じているという。

このようなことはあっても、すべての国が、例外なくプラスチックに魅了されていた。世界のプラスチック素材の生産量つまり消費量は、一九五〇年には二〇〇万トンだったのに対し、二〇一八年には三億五九〇〇万トンにまで増加した。これは一秒当たりにすると一一トン以上となり[1]、人間によって作られた他のほとんどの素材を超える量である[2]。

最も消費量の多いプラスチック素材は、食品包装材ではポリエチレン（ＰＥ）、ポリプロピレン（ＰＰ）、ポリエチレンテレフタラート（ＰＥＴ）、建築材ではポリ塩化ビニル（ＰＶＣ）である。そのあとには他の素材や、電子機器、輸送、衣類といった分野が延々と続いている。

現代人は平均して一年で人間一人の体重に相当するプラスチック、つまり、約六八キログラムを使用している。北半球で生まれた人間の場合、使用量はそれをさらに上回る。アメリカ合衆国、ドイツ、フランス、ベルギー、イタリアのような富裕国では、住民一人だけで年間一〇〇キログラム以上ものプラスチックを消費しているのである。これは、飲料水のボトル約三〇〇〇本分、もしくは、厚さ五〇マイクロメートルのポリエチレンフィルム二〇〇〇平方メートル分、あるいはＴシャツ一〇〇〇枚分に相当する量である。エチオピア、タンザニア、イエメン、リビアの住民の年間使用量は、北半球の人の二〇分の一にあたる五キログラムである。

人間の一生で考えると、その量は気が遠くなるようなものとなる。世界全体では一秒に二・七人の子どもが生まれているが、この子どもたちの誕生には、一人当たり平均四トンのプラスチック生産が付随するのである。

新車に初めて乗るときを考えてみよう。あなたが誇らしげに乗っているその車には、プラスチックの一人当たりの平均消費量の二年分以上が使われている。新築の家の玄関ドアを開けるときはどうだろうか。その家には一五年分が詰まっている。私の家族六人は、リゾートの港町に係留している長さ一〇メートルのコンポジット素材のヨットで地中海を走るために、一人当たりプラスチック一・五年分の消費量を使っている。燃料消費率の規制はあるのに、プラスチック消費率は計算すらされないのである。

一九五〇年代以降、総量にして九〇億トン以上のプラスチックが生産されている。しかし、この途方もない量の半分は、ここ二〇年で生産されたものである。プラスチックの生産量と消費量は増加の一途をたどっており、私たちが生活様式を根本的に変えなければ、二〇五〇年には三〇〇億トンに到達することになる。

そして私たちがこの世を去ったあとも、この大量のプラスチックは数百年もの間残ることになる。プラスチックは私たちが残すことなど意識せずに作り出したものであるが、最も確実に残る遺産であり、私たちの子どもの世代だけでなく、今後、五世代から一〇世代先まで残ってしまうのである。

実際、製造されたプラスチックはすべて数世紀にわたって地球上に残ることがわかっている。プラスチックの残留期間の恐るべき長さに比べれば、プラスチックの使用期間と私たちの平均寿命は何の重みもないに等しい。プラスチックの誕生以来生産された九〇億トンを超える量のうち、二五億トンは現在も使用中で、五億トンが焼却処分されている。残りの六〇億トン以上はプラスチックゴミとして地球上に分散している。つまり、海を含む地球の表面一平方キロメートル当たり一〇トン以上が散らばっていることになる。

誤解のないようにしておこう。親の世代が成し遂げた進歩の後継者としての地位を受け入れない恩知らずな人たち、極度の貧困状態にでもならなければ奮起もしない人たち、「昔はよかった」と郷愁に浸る人たち……。このような人たちほど私をいら立たせるものはない。そもそも、この「昔はよかった」というのは、いったいどんな「昔」がよかったというのだろうか。多くの人々にとって、昔というのは、人々が若くして死に、お腹を空かせ、寒さに震え、病気に苦しみ、長時間の過酷な労働に耐えていた時代である。私の祖父母は私の両親より一〇歳若くして亡くなっているし、私は自分の都会での生活を彼らの田舎での生活と交換したりはしたくない。

私が木製のヘアブラシを探しているのは、子ども時代に対する郷愁を味わいたいからではない。木製ヘアブラシは静電気を起こさないため、私にはプラスチック製のものよりも、使いやすいというだけのことだ。石油由来の素材の在庫を安い価格で売りさばきつづけるためでないとしたら、なぜ工業界や商業界は、客観的に満足できないプラスチック製品を私に押しつけてくるのだろうか。また、子どもの健康によいとほめそやす広告内容を真に受けたわけではないとしたら、私はどうして水道の蛇口をひねる代わりにＰＥＴボトルの水を苦労して家まで運んでしまうのだろうか。そして、勧められたわけでもないのに、なぜ、プラスチックで包装されたパンを買ってしまうのだろうか。

プラスチックは私たちに目覚ましい進歩を遂げさせてくれたが、私たちには、プラスチックを、私たちの役に立ち、とりわけ私たちが幸せでいられる範囲にとどめておく方法がわかっていなかったのだ。結局、私たちは子孫の幸せを危険にさらしながら、私たちを取り巻く人々を犠牲にして、日々用いるこのプラスチックの管理に多くの時間を使っている。プラスチックは明らかに創り手の意図を超えている。人類がこの素材に心底夢中になったことで、プラスチックが人類にもたらした進歩は、二世代にわたって徐々にまん延する中毒という形に変化していったのである。

人間の手に余る素材

私たちはすでに他人によって消費されたプラスチックの影響を受けており、そこには自分たちより前に生きていた人たちの分も含まれている。したがって、あなたが道で見かけるのは同時代の人たちが使ったプラスチックだけではない。農業を営むあなたのお父さんが若いときに熱心に畑に敷いたシート、あなたのお母さんが角のゴミ捨て場にきちんと捨てにいった食品包装材、あなたのおじさんが、当時みんなが乗っていた車、ルノー4の小さな窓から陽気に投げ捨てたボトル、そして、おそらく私が一九七四年に道端に捨てたお気に入りのPVC製サンダルも、今の人々に影響を及ぼしているのだ。土にまみれ、風雨にさらされ、動物や人間の活動によって、踏まれ、引き裂かれ、形が崩れてばらばらになったプラスチックは、元の形をとどめないかけらとなり、そして最も多くは目に見えない形となって、田舎や浜辺、水中などのあらゆる場所に残っている。

プラスチックはその長い一生のなかでゆっくりと時間をかけて分解し、次第に小さなかけらになっていく。おそらくこの分解の初期の段階までなら私たちも実際に目で追うことができるだろう。だが、それ以降はあっという間に手に負えないものとなる。見たものを正確に捉えることは難しいし、とりわけ私たちが地球上で自由に使える時間は非常に限られている。そこで、この章では、皆さんが貴重な時間を節約し、二二世紀まで待たなくても使用済みプラスチックがどんなことを引き起こすかがわかるよう、説明したいと思う。

プラスチックとともに時の歩みを見ていくために、まず、こんな状況を思い浮かべてほしい。ある日、屋根裏部屋に行ったあなたは、タンスのなかにひいおばあさんの真珠のネックレスを見つけた。ギイッというタンスの音で、ネックレスが長い間しまい込まれていたことがわかった。うっとりとしてその貴重なネックレスを手に取ったあなたは、自分の首にかけて過去の香りに酔いしれたいという思いに抗えない。だが、うなじに回した手が留め金を探している間に、突然、着ていたTシャツの上を小さく滑らかなものが滑り落ちた。それとほぼ同時に、真珠が滝のように床に落ち、跳ねる音が聞こえた。真珠はネックレスの糸から放たれて、好き勝手な場所に隠れてしまった。あなたは絶望的な気持ちで埃のなかにひざまずき、必死になってそれを探した。すべてはあっという間のことだった……。

プラスチックポリマー鎖の分解は、驚くほどゆっくりとしたスピードで展開され、数世紀にわたって行われる。しかし、起こることはこのネックレスの崩壊とまったく同じである。プラスチックは非常に小さなかけらになるため、人間にはまったく制御できないものとなり、散り散りになって人間の手の届かない隅々に身を潜めてしまう。こうなると、いつか回収できる希望などまったくないし、その先には想像できないような結果が待っているのである。

ひいおばあさんのネックレスのように、プラスチックポリマー鎖は劣化していく。これは、モノマーである真珠同士のつながりが壊れるためだ。環境からの攻撃を繰り返し受けることで、非常にゆっくりと壊れていくのである。主な攻撃は、生物によるものではないために「非生物的」と呼ばれるもので、太陽光、摩擦、熱、湿気、または酸素といったものによる攻撃である。

他の攻撃として、「生物的」と呼ばれるものがあるが、プラスチックはこの攻撃を受けることはない。実際、プラスチック素材は、天然素材と比べると微生物や虫やカビが分泌する小さい「生物のはさみ」(酵素)に対する抵抗力が強く、半永久的に耐えることができる。酵素というこのありがたい道具があるために、生き物は素早く天然素材を小さな分子に分解し、移動させて、まったく新しい素材に再び組み立てることができる。プラスチックのようなこの攻撃に鈍感な素材の分解は、非常にゆっくりと進むため、最終的に何世紀もかかるのである。

ところで、劣化しはじめたプラスチックを見たことがある人は多いはずだ。黄色く変色し、多孔質になり、硬く、脆くなる。実際、私も子どもの頃に、自分のＰＶＣ製サンダルが最後にどうなったかを見ている。私に忠実に仕えてくれたその素晴らしいサンダルは、ひと夏が終わる頃にはひどく黄ばんでいた。次の夏には、そこら中ひびだらけになっていて、履くと足の指があちこちに飛び出した。そして川を歩いていた私が藻のびっしりついた小石の上で滑ったときに、とうとう、くるぶしのところで留めるストラップが切れてしまった。私は道端にサンダルを投げ捨てると、裸足で家に帰り、悲しみに暮れたものだった。

無限小の世界では、プラスチックの分解は以下のような経過をたどる。最初は真珠であるモノマー間の結合が、非生物的な敵の攻撃によって弱められる。そこかしこで真珠間の結合がランダムに壊れていくが、これにより、まず表面がひび割れて黄色く変色し、その後、より深いところに進行する。表面のひび割れは深い割れ目となり、それによってプラスチックのかけらが徐々にはがれていく。庭に置かれたプラスチックのガーデンチェアを例にとってみよう。まず、表面が多孔質となり、汚れが落ちにくくなる。そして、突然、脚が一本折れてしまう。これは最初の深い割れが生じているしるしだが、これが見られたら、もう、この椅子はゴミ捨て場行きだ。しかし、私たちの目の届かないところで、そのひび割れはさらに奥へと進み、椅子は割れて破片となり、粉々になっていくのである。裏庭や埋め立て地で、このゆっくりとしたプロセスは進行している。またプラスチックが再利用されて、顆粒状になってアスファルトに組み込まれている場合、その小さな顆粒の内部でもこのプロセスは進んでいる。いずれにしても、プラスチックの椅子は容赦なく多数のかけらへと姿を変え、それらは次第に大量の微細片となって、制御できないものとなるのである。

紙や段ボール、木材、麻、綿といったセルロース製品も、プラスチック同様、ぼろぼろに砕けていく。だが、これらは自然の攻撃を受けやすいため、数ヶ月経てば、もしくは季節がめぐっていけば、炭酸ガスと水の状態まで完全に生分解するのである。この特徴を持つため、セルロース製品は植物の光合成のプロセスに戻っていく。

ガラスや石、または金属でできた物体は、プラスチックほど素早く消えることはない。というのも、これらはプラスチック同様、生物的な攻撃に対する抵抗力が強いからである。だが、プラスチックとは違い、これらの物質は微粒子に変化していつまでも残留することはない。非生物的（水・風・太陽）な攻撃の影響を受けて主要な元素にまで分解され、自然界のなかで再び循環していくのである。シリカ（二酸化ケイ素）、ナトリウム、カルシウム、鉄は生態系にとって身近な鉱物成分である。たとえば、金属製の船が沈没すると、特に悪い影響を与えることなく水中でゆっくりと溶けていき、その船体はダイバーたちを魅了する海の生態系の源となるのである。

プラスチックは物質の生物地球化学的循環のなかに居場所がない、まったく特殊な素材だ。技術的に優れた性能を目的として、人間の想像力によって生み出されたもので、生態系の働きと衝突する可能性など考えられもしなかったのである。これについてはノーベル賞受賞者たちが近視眼的だったという批判の声が上がることもある。プラスチックは炭素と水素による簡単な分子に形を変えて物質の創造のプロセスに還るまでに、果てしなく長い時間を要するのである。

このように、プラスチックは途方もない時間をかけて徐々に細かい粒子となり、その数は次第に増えていく。このとき、たとえナノメートルのサイズまで小さくなっても、プラスチックは依然として三次元構造と引き寄せ合う力を保った鎖のままであり、また、出会ったすべての物質を運ぶ力はそれまでにないほど強くなっている。最近、海を漂流するマイクロプラスチックにコレラ菌が存在していることが確認されたが、それはプラスチックがこのような性質を持つからなのである。

この無限ともいえる長い時間に、プラスチックの微粒子の雲は広がりつづけ、好きな場所へとあちこち移動する。ナノサイズの粒子となったプラスチックを除去するのに必要な生物学的機構は地球上にはどこにも存在しない。消化吸収されることのないすべての微粒子のように、プラスチックの微粒子は、地球の隅の暗がりや私たちの体内に蓄積されていくのである。

私がここで告発しているのは、有用な発明品が不適切に使用されているということではない。その例としてはインターネットの及ぼす悪影響が挙げられるが、この種のものの場合には、取り扱いに関する枠組みを策定したり被害を最小限に抑えたりするために、倫理委員会を設置したり国際条約に調印したりすれば十分である。一方、プラスチックは意図された通りの使い方をされている。問題なのは、プラスチックの使われ方ではなく、その性質そのものなのである。

このプラスチックの問題は、核の問題（核兵器利用へのリスクは脇に置くとして）に似ている。エネルギー生産を目的としたこの技術の通常の利用によって、長期にわたって容赦なく放射線を放つ大量の廃棄物が作られる。しかし、この先何千年にもわたる貯蔵状況の安全性を保証できる人は誰もいない。化石エネルギーについても同じことがいえる。化石燃料を燃やせば、炭酸ガスと微粒子が空気中に放たれるのは当然のことだ。だが当然とはいえ、気候変動と大気汚染につながる危険性に対して責任があるのは、結局はこれらが出した廃棄物なのである。

今日の私たちは、自らが発明したプラスチックが目に見えない無限小の世界に悪魔のような顔を隠していることを完全に自覚している。だがその暗い顔が何世代も先という非常に長い期間隠れているとなると、それに関心を持ちつづけるのは難しい。数世紀規模で深く考えようとするのは簡単なことではない。というのも、それは自分たちの死後のことを心配することであり、また、私たちの生の最も暗く手のつけられない面と折り合いをつけることだからである。自分たちの存在しない未来に目を向けて現在の快適さを捨てるのは非常に難しいことである。プラスチックが遠い将来に及ぼす影響を心配し、のちの世代のために問題解決の下準備をするには、十分な距離を置き、先を見通す力が強く求められるが、私たちの現代の生活様式ではそれは楽ではない。それでも、二〇一〇年代に入るとまもなく、速やかな行動を促す具体的な兆候や明らかな警告といえるものが現れた。

マイクロプラスチック：魚からの警告

プラスチックゴミの残留について私たちの意識の輪が広がったのは、一人の航海士が通常の航路をはずれ、太平洋のめったに誰も行かない海域に足を踏み入れたことがきっかけだった。一九九七年、ヨットの船長であるチャールズ・ムーアは、トランスパックというロサンゼルスからハワイまで向かうヨットレースを終えて帰路に就いていた。彼は北太平洋を横断してホノルルからアメリカ本土に戻ろうとしていたが、これはヨットの航路としては賢明ではないコースだった。というのも、そのコースには潮の流れが一点に合流する環流《ジャイア》があり、風も弱かったからである。だが、このほとんど航海不能な場所で、彼はまったく予期していなかった現象――当時としては、想像すらしていなかった光景――を目の当たりにしたのである。

一週間の間、乗組員は何百キロメートルものプラスチックゴミで濁ったスープの上を渡っていった。このような状態になっていることは、衛星ではわからない。乗組員は大きなゴミもいくつか見つけたが、大部分はおびただしい数の小さな破片だった。塩分や波、太陽の影響を受けて細片化したプラスチックゴミが、巨大な渦によって集められたのである。フランスの国土の面積の三倍と推定されるこの大陸のようなゴミの集まりは、主にポリエチレン、ポリプロピレン、PETから作られていた。その後、このような広大な「プラスチックスープ」が世界の四ヶ所の海盆に発見されている。

海は人類の共有財産の完璧な例であり、国々に共有され、一つでも間違った扱いをされれば人類全体に悪影響を及ぼすものである。たとえば、ある女性研究者は南太平洋の環状珊瑚島であるヘンダーソン島の浜辺について「ル・モンド」紙で以下のように書いている。「あたり一面に瓶や缶、あらゆる種類の釣り道具が広がっていた。そして、これらのゴミは、たとえばドイツ、カナダ、アメリカ、チリ、アルゼンチン、エクアドルなど、あらゆる国から来たものだった」。この島は無人島で、すべての大陸、つまり一番近い都市や工場から五〇〇〇キロメートル以上も離れた場所にある。この無人の地に、一平方メートル当たり七〇〇ものプラスチック片が見つかったのである。

また、保護団体や写真家は、無残にもプラスチックに殺された海洋動物の悲惨な姿を示して私たちの注意を引きつけた。たとえば、プラスチック製の硬い縄で深手を負ったカメ、何十キログラムものプラスチックが腸に詰まった状態で浜辺に打ち上げられたクジラ、レジ袋で窒息した鳥……。

地中海のような内海は、この悲惨な現象の規模の大きさを非常によく示している。私は毎年夏になると、スペインからトルコに向かう北岸の国々やその素晴らしい島々にくまなくヨットを走らせているが、これらの国々はプラスチックゴミから浜辺を保護する活動には成功していない。あるときトルコ沿岸を走っていた私は、浜辺が光を反射して、尋常ではないほど青白く光っているのに強く目を引かれた。不審に思い、私は浜辺に近づいて、一握りの砂を手に取った。すると、その砂のなかにあったのは、実際には砂粒よりも多くのプラスチックのくずだったのである。

このような砂などの鉱物とプラスチックの混合の浜辺が特に見られるのは、陸で細片化したプラスチックが運ばれる河川の河口である。浜辺の砂が水をろ過するときにプラスチックの小さい粒子が残り、その粒子が蓄積されて、砂よりも多くなっていったのである。これらの粒子は必然的に次第にすり減って小さくなり、いつしか水とともに流されていく。そして、それが潮の流れによって海の大きな還流《ジャイア》のプラスチックスープに合流したり、空気に乗って極地まで舞っていったり、小エビの腸のひだに入り込んだりするのである。

カメラのレンズには映らないが、湖にも海にも、研究者たちが発見した大きな災いの種がある。それはマイクロプラスチックである。これは五ミリメートル以下のプラスチックのくずで、その発生源である大きなサイズのものよりはるかに危険な物質である。というのも、そのサイズになると、肉眼で見つけることも集めることも、ずっと難しくなるからだ。アメリカの詳しい調査によると、河川の八三％がマイクロプラスチックによって汚染されているという。ちなみに、マイクロプラスチックがさらに小さくなったものがナノプラスチックである。

マイクロプラスチックの問題が初めて顕在化したのは二〇〇九年のことである。だが、当時、この問題は急いで簡略化されて伝えられた。その内容は、この小さな侵略者は化粧品に使われているプラスチックのマイクロビーズから来ているというものだった。[3]これは、当時、肌を滑らかにするために古い角質を取り除くスクラブ剤に使われていた小さなプラスチックの粒子である。このテーマに関する会議に出た私は、男性陣がにやにやしながら話しているのを聞いて驚いた。「このマイクロプラスチックというのは女性たちが顔に塗っているものから来ているのか」。そして、次の発言でさらに驚かされた。「もう使わないように女性陣を教育する必要があるな」

だが、こういった性差別ともとれる発言は、マイクロビーズの使用例のすべてのリストが出回りはじめると自然と消えていった。なぜなら、そのリストによると、マイクロビーズは男性用の製品にも同じくらい多く使われていたからだ。笑顔に輝く白い歯を作る歯磨き粉に入ったスクラブから、高速の乗り物の安全性を高める滑り止めにいたるまで、マイクロプラスチックは様々な用途に使われていた。化粧品業界はすぐに商品にマイクロプラスチックを使うことをやめ、代わりに安価で生分解性のある天然素材の研磨材を使用しはじめた。

だが、最終的には、スイスのレマン湖に流れ込む排水の研究によって、マイクロプラスチックのほとんどが、マイクロビーズ以外の多くの原因から来ていることが明らかになった。特に注目すべきは、洗濯機からの洗濯排水である。洗濯機で服を洗うことで、合成繊維は傷み、細片化する。ポリアミド製の靴下、ポリエステル製のズボンなどはすべてプラスチック繊維でできており、この繊維の直径は通常最初からマイクロメートル単位のサイズである。この細かな繊維は、洗濯のたびに、回転するドラムとこすれることによってさらに小さく切断されていく。これが排水として川や湖、そして海へと流れていくのである。

こうしてわかったのはマイクロプラスチックのかなりの割合は、合成繊維の衣類が詰まった私たちのクローゼットから送り出されているということだ。また、もう一つの出どころとして考えられるのは、風雨にさらされる建物の戸枠やその他の表面を守るワニス（顔料を含まない透明な塗膜を作る塗料）である。これは塗られたあとに太陽や風、湿気や暑さ、寒さなどの影響で細かく砕かれてマイクロサイズの微細片となり、雨や風に運ばれて四散していくのである。

もう一つのマイクロプラスチックの意外な出どころは、車のタイヤである。(4) タイヤは五〇％以上がスチレンとブタジエンの合成ゴムからできている。これは、生分解すると考えられる天然ゴムとは異なり、長い間残留する物質である。私たちの車の車輪がアスファルトの上を回転するたびにタイヤは摩耗してマイクロ粒子を発生させるが、このマイクロプラスチックは排気ガス中に含まれて排出される重金属や燃焼残渣といった安全とはいえない大量の物質を引き寄せる。こうして汚染物質を吸い込んだ小さなスポンジともいうべきマイクロプラスチックは、風雨によって、私たちの身の回りの川や空気中に運ばれていくのである。

大量のプラスチックゴミの行きつく海では、当然ゴミの細片化が加速している。海に浮かぶプラスチックのフィルムは、波にもまれて削れ、塩分や太陽の影響も相まって、あっという間に引き裂かれ、海面を漂っていく。

このまま行けば、それほど遠くない将来に、埋め立て地からもマイクロプラスチックが見つかるのは明らかだろう。着ていた人がやっぱりみっともないと思って捨てた紫の蛍光色のフリース（みっともないのは本当だ）は、最終的にはゴミ捨て場に行きつくことになる。そして土の層に隠されて、ここでも時間をかけて雨水に交ざり、微細な破片となっていく。あとは時間の問題というわけである。

二〇一九年には、プラスチックのマイクロ粒子が空気に乗って遠くまで移動し、雨や雪に交じって地上に降ってくることが研究で明らかになった。ピレネー山脈の山頂からパリにいたるあらゆるところで、平均すると一日に一平方メートル当たり三六五個のマイクロプラスチックが降っているという。また、研究者たちによって、北極の真ん中の氷のなかにも大量のマイクロプラスチックが発見されている[5]。これらのプラスチックの種類を特定すると、様々なもののなかで特に注目に値するものとして、石油由来のポリマーを主原料としたワニスの破片のマイクロプラスチックだけでなく、ポリ乳酸（ＰＬＡ）のマイクロプラスチックがある[6]。このＰＬＡは、第三章で説明した通り、生分解性を持つとみなされているが、実際はそうではない、いわくつきのプラスチックである。春になって氷や雪が解けると、このマイクロプラスチックという侵入者たちは、川や海へと流れ出していく。

すでにかなりぞっとする話となっているので、このあたりで話を終わりにしたいところだ。だが、水中に目を向けると、マイクロプラスチックは今も旅を続けている。このマイクロプラスチックは、魚や軟体動物、そしてプランクトンや珊瑚を引きつける見た目とにおいを備えている。ハタがPETボトル由来のマイクロプラスチックを飲み込んでしまうのはこのためだ。珊瑚が小エビの卵よりもポリエステル製の服の微細片を好んで摂取して、そこに棲みつく微生物によって二週間も経たないうちに完全に破滅してしまうのも、このためなのである[7]。珊瑚を観察する生物学者のグループはこれを見て大いに落胆するが、海洋のいかなる場所もこの被害を免れることはできず、深海ですらそれから逃れることはできないのである。最も深い海溝として知られる太平洋のマリアナ海溝では、約一一キロメートルの深海に棲む一〇〇%の小さな甲殻類の内臓がマイクロプラスチックによって汚染されていることがわかっている。

このようにして、私たちの通う市場には内臓にポリマーが詰まった海鮮商品が並んでいる。ベルギーの研究者たちが二〇一九年六月に明らかにした調査結果によると、魚介類を好む人たちは、年間二〇〇〇個から一万一〇〇〇個のマイクロプラスチックを経口摂取しているという。また、別の研究では、アメリカ人は食品経由で毎日一人当たり一〇〇個から一五〇個ものマイクロプラスチックを食べているということだ[8]。呼吸によっても、マイクロプラスチックは肺を通して体内に吸収されている。さらに、水道水からは毎日一〇個の、そして、プラスチックボトルからは二五個のマイクロプラスチックが体内に入るとされている。

しかしながら、陸でも海でも、最も憂慮すべきことはプラスチックの現状ではなく、その現状が明らかにする他のすべてのことである。つまり、私たちはプラスチックをすでに蓄積してしまい、その分解には長い時間がかかること、そして、プラスチックは今も毎日生産されつづけているということである。

海水や淡水にはびこるマイクロプラスチックは、今のところ、主に、使用時にすでに直径（繊維の直径など）や厚み（フィルムや外装材の厚みなど）のいずれかがマイクロメートルの単位であるプラスチックから生じている。これらは使われる間に摩耗し、使用中もしくは使用後にすぐにマイクロ粒子となって、特に海へと出ていくのだ。調査により汚染を媒介することが目の前で確認されているこの物質は、私たちにすべてのプラスチック素材の行く末を早回しで見せている。これは時間の問題なのである。

他のすべてのプラスチック、つまり、厚みがあったり、ほとんどダメージを受けない場所で保管されているプラスチックは、マイクロプラスチックになるまでには平均して数世紀かかる。一方、私たちがプラスチックの生産を始めたのはわずか五〇年前のことだ。現在、私たちに見えているものは、実際には、細片化が加速しているプラスチックゴミの氷山の一角にすぎない。これは警告のほんの一例なのだ。そして、この氷山の見えない部分は、私たちの地面の下に隠れているのである。

地中に潜む危険

ここからはまだ研究による資料の裏づけの乏しい領域に入っていく。目を向けるのは土だ。土壌の質がよいことは養分の供給の基礎であり、生物多様性を保証するものであるが、この土壌の質や、栄養循環とすべての食料生産の循環に対して、プラスチックゴミが与える大きな影響についてお話しする。

私たちの身の回りに大量に存在するプラスチックは、生態系のなかに非常に長く残るために、少しずつ地上の物質と交ざり合い、新たな物質を生み出した。最近「プラスティグロメレート」(9)と名づけられたこの物質は、岩や堆積物、砂、他の破片とくっついて固まったポリマーでできたものである。私たちの環境に出現したこの新たな物質は、地球史上、前代未聞の物質であり、まさに人類が地球環境に大きな影響を与えるようになった地質年代、人新世《アントロポセン》の指標といえるものである。

人新世《アントロポセン》は産業革命とともに始まった。これは、地球や自然環境に対して、気候や生物を取り巻く他のすべての現象よりも、人類が大きな影響をもたらすようになった時代である。自分たちが生きる世界において、人類が支配的な指標となったのである。人類は長い間環境に従ってきて、やがて苦労の末にそれを利用することに成功してきたが、今やその環境を根本的に変化させているのである。

プラスチックで満たされた土のなかでは、いったい何が起こるのだろうか。幾重にも重なるプラスチックの防水シートの破片が詰まった野菜の集約栽培地は、どのように変化するのだろうか。私たちの消費の結果生まれたゴミが何十年も蓄積されたゴミ捨て場の隣の土地は、いったいどうなるのだろうか。埋め立て地の廃棄物を遮断するシートが機能しなくなったら、その土壌にはどのような危険が生じるのだろうか。これらの疑問に答えられればいいが、現段階では明確な答えは出ていない。私たちの土壌をめぐる環境は海ほどの注目を浴びていないため、研究が進んでいないのである。

しかし、プラスチックゴミのほとんどが土のなかにあること、そして、海で見つかるプラスチック粒子のほとんどは地面を経由して来ていることがわかっている。農地や浄水汚泥の散布地、昔からの工業地は、マイクロプラスチックによる汚染がかなり進んでいる。オーストラリアでは、ポリ塩化ビニル（ＰＶＣ）のマイクロプラスチックが土壌の六・七％を占める場所もある。[10]

プラスチックは疎水性であり、水を吸収しない。したがって、ポリマーだらけの土地は、まるで排水設備でも整えたかのように、十分に水分を保持することができず、干上がってしまうはずだ。土壌の質は特にこの保水力で決まるのである。

さらに、土壌とは単に土地を指すだけでなく、私たちの足の下でせわしく動く小さな虫たちの共同社会でもある。マイクロプラスチックは、土壌にとって最も不可欠な存在の一つであるミミズの体重を減らし、死亡率を高めていることが研究によってわかっている。ミミズは土を耕し、ほぐすだけでなく、有機物を消化して土地を肥やしてくれるリサイクルの王である。ところが、その体内に入り込むマイクロプラスチックを土の深いところへと運んでしまうのも、この小さな生き物なのである。[11]

また、つい最近のことだが、食用の植物が地中のポリスチレンのマイクロ粒子を吸収して蓄積することもわかっている。[12] このため、最初にプラスチック粒子が地中に存在することで、植物を通した食物連鎖が汚染されることが予測されている。

おとなしい反芻動物たち（牛や鹿等）も、世界のあちこちでゴミによる病気の被害に遭っているという。雌牛には、目の前にあるものを全部食べてお腹を一杯にする困った習慣がある。特にプラスチックを食べてしまうのは厄介だ。カバーやタイヤ、その他の農業用梱包材、車の窓から牧草地の脇に投げ捨てられたゴミ——牛たちが食べるものは、こうしたものを食べた結果である腫瘍や感染症と同様、多種にわたっている。ここでも、海の動物たちと同じことが起こっているが、それはあまり知られていない。

土壌のプラスチック汚染に関連する潜在的な危険性に注目してもらうためには、研究を開始して、焼却施設を丹念に調べ、畑の地面の下の調査に乗り出して、私たちの足の下にあるゴミの粒子がどのように移動して流出していくかを追跡する必要がある。また、この微粒子によって運ばれる、毒性の大きな原因となる汚染物質を突き止める必要もある。結局、これらのマイクロプラスチックが、私たちが受け継ぐ最も重要な財産である土壌の構成要素やそこに暮らす生き物に及ぼす生態学的影響を解明しなければ、危険性の評価はできない。だが、潜在的な危険性から人々を確実に守るために、研究ではこれらの重要な問題に予め備えておく必要がある。

その方法はただ一つ、つまり、私たちの統治システムが、社会から寄せられる不安の声と要望を重く見て、すぐに問題に取り組むことである。だが、私たちの不安の種となるものは、実際に自分の五感で気づいたことだけだ。現在、海洋中のプラスチックは明らかな問題として私たちの前に姿を現している。プラスチックゴミの影響を研究する「プロジェクト募集」は、大部分が海洋関連のものであり、メディアもこれに敏感に反応している。だが、こうしている間も、土壌をやせさせるポリマーは、人々の目には見えないままであり、心配の種となることもほとんどない。集団的不安から始まって、研究を開始させ、人々の意識を目覚めさせていくサイクルは、まだ動きはじめていない。地中のポリマーに関する諸問題は、まだ研究者たちのアンテナの圏外にあり、監督省庁がこのテーマの研究プロジェクトを通じて支援をしなければ、研究者たちが意欲的になるのは難しい。研究者たちには解決策を考えるための知識の習得が必要だが、この状況のせいでそのための貴重な時間を失っている。一方で、社会はすぐに解決策を執拗に求めはじめる。そして、私たちは知識を得るより先に大急ぎで策を講じるという、逆の順序で事を進めることになる。

ナノプラスチックとその弊害

そうしているうちに、別の信じられないようなところでも、好ましくないプラスチックが見つかりはじめた。それは私たちの体の最も奥にあるひだの部分だ。プラスチックのかけらは小さく、数も多くなっているだけに、移動はますます容易になっている。ナノメートルという非常に小さいレベルになったプラスチックは、ついに生物が自らを保護する最も強力なバリアを通り抜けるようになったのである。

ナノテクノロジーが研究者や企業、消費者たちの間にどれだけ大きな熱狂を引き起こしたかはすでに第二章で述べたが、このナノサイズの粒子は最大の懸念を引き起こす存在でもある。というのも、ナノ粒子は、生物が体外から来る危険から身を守るバリアを通り抜けてしまうからである。

ナノサイズの粒子で「超微小粒子」と呼ばれるもの（大気中を漂う浮遊粒子状物質のうち、直径が五〇ナノメートル以下の粒子）には、生物の細胞壁を通過することを可能にする二つの特徴がある。その一つ目はもちろん、有機体の奥まで入り込めるその小さなサイズである。二つ目は単位体積当たりの表面積がきわめて大きいことで、そのことによって、多くの分子との間に相互作用が起こるのである。ナノ粒子は、侵入した体内から分子を取り入れ、その分子で自分の周りを覆うことで、姿が消える魔法のマントをまとったかのように侵入者だと気づかれない存在となる。つまり、生物学的な姿を変えて、押し返されることなく敵の砦《とりで》に侵入できるのである。

体内に侵入したナノ粒子が長く残留する性質のもので、短期間で分解も溶解もされない場合には、細胞の奥に蓄積されて、私たちの健康を守る免疫システムに慢性的な刺激を与えることになる。最近の研究でも、私たちの体の器官の正常な働きを保ってくれるたんぱく質の形を、ナノプラスチックが変化させてしまうことがわかっている。(13) ナノプラスチックは入り込んだ体内で、他の異物と同じように炎症反応を引き起こす危険性があり、最終的に、この炎症によって、入り込んだ細胞を機能不全にし、癌のようなより深刻な病気を引き起こす可能性がある。

もし、この微小な異物たちが、もっと大きくて、数マイクロメートルほどあったなら、私たちの体のバリアである皮膚や粘膜がそれらを押し返してくれるだろう。もし、この微粒子が、分子サイズまで分解された非常に小さなものだったなら、腎臓や皮膚、肝臓または肺が、化学的にその手を捕まえて、尿や便や汗と一緒に排泄することができるだろう。だが、この二つのサイズの中間である、いわゆるナノサイズの物質となると、私たちの体の機能では取り除くことは不可能なのである。


一九七〇年代のアスベストの毒性に関する発見は、このナノ粒子に関する苦い教訓となった。この繊維質の岩は存在しているだけなら無害だが、粉砕されて塵状の形やサイズになると、死をもたらす力を持つのである。この塵状のアスベストは非常に細かいため、私たちの知らない間に呼吸器を保護する粘膜に容易に入り込む。だが、体はこの侵入者に気がつかず、くしゃみで体内から追い払う代わりに、体内に入れて蓄積させてしまうのである。アスベストはまず肺の細胞の表面に身を落ち着け、次に胸膜などの他の組織へと進んでいく。こうして、このナノ粒子によって、被害者たちは想像を絶する耐えがたい苦しみを受けたのである。

また、二〇〇〇年代には、大気汚染による健康被害の問題が一般の人々に広く知られるようになった。これはナノ粒子による別のタイプの公害である。世界保健機関（ＷＨＯ）によると、この大気汚染が原因で毎年四〇〇万人が死亡している。ディーゼルガスやその他の燃料、工場からの廃棄物などが、自然環境へ排出されることで、人々の健康を大きな危険にさらすのである。ここでもまた、細かい粒子が空気中に放出されて、ときにはその場所から遠く離れたところまで広がっていく。そして、たいていの場合、これらの粒子は重金属や多環式芳香族炭化水素といった、好ましくない公害物質と一体化する。そうして、ひとたび私たちの体に入ると、その毒性を大幅に増大させ、癌やその他の代謝系疾患および心臓血管疾患のリスクを高めるのである。

今日、プラスチックゴミのマイクロ粒子は、そこかしこに無秩序に存在することがわかっている。では、そのいたるところにあるマイクロ粒子がナノサイズまで小さくなったとき、いったい、何が起こるのだろうか。この疑問は人々を少々不安にさせるものだが、大いに問うべき問題である。

この疑問が生じるのは、プラスチックの分解がマイクロサイズの段階で止まる理由が見つからず、いずれはナノサイズになる可能性があるからだ。

そもそも、北極の氷を研究している科学者たちは、以前からはっきりとこれを予測していた。ナノ粒子の計測は技術的に難しいものだが、それにもかかわらず、プラスチックゴミに関しては、ナノ粒子の元であるマイクロ粒子よりもはるかに多くのナノ粒子が、北極で見つかっていたからである。(14) このサイズになってもプラスチックはプラスチックのままであり、炭素と水素の小さい分子には分解されていない。生物はこのナノ粒子の侵入を止めることも排出することもできず、どこかに溜めておくことしかできないのである。

大げさにしたいわけではないが、私たちは少なくとも三つの現実と向き合う必要がある。一つ目は、私たちが使ったプラスチックはすべて、リサイクルしようとしまいと、放っておけばいつかはナノサイズになるということである。これはもはや時間の問題である。現在私たちが製造している飲料水のボトルや食品用トレー、バスのシート、合成ゴムの風船といったプラスチック製品は、日々摩耗して、将来にわたって残留する細かい粒子を生み出し、増やしつづけている。そして次の世代には、それは途方もない数になっているはずである。では、これらの粒子はどのようなルートで私たちに被害を与えるのだろうか。私たちが踏みしめている土からだろうか？　吸っている空気から？　それとも食べ物からだろうか。残念ながら、人間には先を見通す力がない。子どもや孫の将来を考えることはあったとしても、二〇五〇年代以降の生活を考えられる人はほとんどいない。そして二一〇〇年以降の世界ともなると、これを想像できる人はほぼ皆無なのである。しかし、その未来で、この地球とそこに住む人々は、今日のプラスチックゴミから生まれたナノ粒子の影響をまともに受けることになるのである。

二つ目の現実は、五〇年前から蓄積が始まり、今も毎日さらに多くの量の蓄積を続けているプラスチックゴミの量から考えると、私たちは膨大な量のナノ粒子にさらされる危険性があるということである。では、それによってどのような影響が出るのだろうか。プラスチックで覆われた消化器官や呼吸器の粘膜の機能はどうなるのだろうか。それを予測することは不可能だ。社会はひたすら研究を進め、必要な予防策を講じる必要がある。

三つ目の現実は、プラスチックは単独で移動しているわけではないということである。生物の体内に入り込む前に、毒物を隠し持った好ましくない客を大勢載せたバスのように、毒性のある物質を自分の体に積んで、運んでいるのである。プラスチックのナノ粒子が、ほとんどの汚染物質を吸収するナノサイズのスポンジのように機能することを前にお話ししたが、これはどちらも疎水性であるためだ。

その例を見てみよう。ほぼすべての有効な殺虫剤は、水を好まない疎水性物質である。その性質によって、殺虫成分は、同様に水を好まない撥水性の植物の葉の外皮にしがみつくことができ、最初の雨に打たれても洗い流されることはない。この同じ殺虫剤がプラスチックと出会うと、疎水性であるプラスチックのなかにしっかりと入り込むために、プラスチックはこの運び屋となるのである。農地の地中に放置されたプラスチックは、殺虫剤を吸収して自分の体に積み込んでいる。また、様々なもので溢れたゴミ捨て場に置かれたプラスチックは、そのなかでも最も強力な汚染物質を引き寄せる。そして分解されてマイクロ粒子になると、有毒物質という客を載せたマイクロプラスチックというバスは移動を始め、新たに出会う客を次々と載せて運んでいくのである。

プラスチックは次第に微細な粒子となって、数を増やして、魚や人間の体内に入り込む。プラスチックのナノ粒子が生物の体内のどこまで入り込めるかについては、藻類、小エビ、魚で調査されてきた。その結果、プラスチックのナノ粒子は胚嚢《はいのう》のなかまで入り込めることがわかっている。(15)

これまで三つの現実を述べてきたが、ここでそれがもたらす不安を相殺するもう一つの確実な

産運用専門家による「お金に翻弄され続けるわたしたち」

金で騙す人 お金に騙される人

「金融・経済」詐欺の事件簿

ベン・カールソン／岡本千晶訳

「どうしても人はお金に目がくらむ」そして「騙されつづけた歴史が教訓になっていない」。さまざまな金融詐欺事件や歴史を動かすほどの詐術について紹介し、今度こそ「教訓」となるように、かなしき「人間の性」をあきらかにしていく。

四六判・2500円（税別）ISBN978-4-562-05876-1

文学者たちのとんでもない世界と激動の半世紀を追う

体観測に魅せられた人たち

エミリー・レヴェック／川添節子訳

高山や砂漠の天文台で、サソリやタランチュラと隣り合わせになりながらもたった一夜限りの天体観測にかける情熱とロマン。世界にわずか５万人という天文学者たちの知られざる世界の今と昔を、気鋭の女性天文学者が明かす。

四六判・2800円（税別）ISBN978-4-562-05903-4

万人をコーチしたリーダーのメソッドが日本上陸！

のワーク

月とつながり、月の恵みを引き寄せるガイドブック

サラ・フェイス・ゴッテスディナー／上京恵訳

アメリカ、カナダ、イギリスで大流行中の「月のワーク」は女性の意識と生活に深い変容をもたらし幸運を引き寄せる。そのメソッドを5万人以上にコーチし大人気を呼んだ、月のワークのリーダー的存在によるワークブック。

A５判・3200円（税別）ISBN978-4-562-05913-3

るカウンセリング

欧式パートナーシップのすすめ

愛すること愛されること

ビョルク・マテアスダッテル／枇谷玲子訳

どうすれば愛する人と良い関係を長く続けていけるだろう。喧嘩をしたら？　お金のことを話し合うには？ 性生活を納得いくものにするには？ 共働きが当たり前のノルウェーから具体的な方法をカウンセラーである著者が示す。

四六判・1800円（税別）ISBN978-4-562-05875-4

:のイメージの変遷を、豊富な図版とともにたどる。

魔女の文化史

セリーヌ・デュ・シェネ／蔵持不三也訳

中世末から現代まで、魔女という存在がどのように認識され、表現されてきたのか。魔女にかんするヴィジュアルな文化史。危険で邪悪な存在が、魅力的な存在に。このふたつの魔女像は、どのように結びつくのか。

B５変形判・3800円（税別）ISBN978-4-562-05909-6

起源からサブカルチャーまで、マーメイドの歴史とイメージを解説した決定版！

説〕人魚の文化史

神話・科学・マーメイド伝説

ヴォーン・スクリブナー／川副智子、肱岡千泰訳

アマビエの流行を受けて、海の幻獣に対する関心が高まっている。リンネによる人魚の解剖記録とは？　興行師バーナムの「偽人魚」と日本の関係は？　美術、建築、科学、見世物、映画などさまざまな点からマーメイドの秘密に迫る。

A５判・3200円（税別）ISBN978-4-562-05901-0

学書籍賞受賞のベストセラー上陸！

ィクトリア朝医療の歴史

外科医ジョゼフ・リスターと歴史を変えた治療法

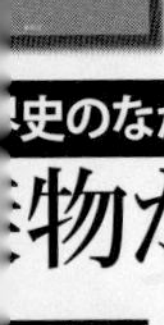

リンジー・フィッツハリス／田中恵理香訳

死体泥棒が墓地を荒らし回り、「新鮮な死体」を外科医に売りつけていた時代、病院自体が危険極まりない場所だった。外科医ジョゼフ・リスターは、そこで歴史を変える働きをする。イギリスの科学書籍賞を受賞したベストセラーついに邦訳！

四六判・2400円（税別）ISBN978-4-562-05893-8

史のなかで異彩を放つ10人の実像に迫る。

物が変えた世界史　上・下

上　ドラキュラ伯爵、狂王ルートヴィヒ二世からアラビアのロレンスまで
下　ラストエンペラー溥儀からイスラエル建国の父ベン＝グリオンまで

（上）アラン・ドゥコー／神田順子、村上尚子、清水珠代訳
（下）アラン・ドゥコー／清水珠代、濱田英作、松永りえ、松尾真奈美訳

ドラキュラ伯爵、シャンポリオン、ルートヴィヒ二世、アラビアのロレンス、満州国皇帝溥儀、エチオピア皇帝ハイレ・セラシエ、イスラエル建国の父ベングリオンなど、いずれも特異な人生を歩んだ人々をとりあげ、さまざまな情報をつきあわせながら、彼らの実像に迫る。

四六判・各2000円（税別）（上）ISBN978-4-562-05897-6
（下）ISBN978-4-562-05898-3

郵便はがき

料金受取人払郵便

新宿局承認

4399

差出有効期限
2022年9月
30日まで

切手をはら
ずにお出し
下さい

1 6 0 - 8 7 9 1

3 4 3

（受取人）
東京都新宿区
新宿一ー二五ー一三

原書房

読者係 行

1 6 0 8 7 9 1 3 4 3 7

図書注文書（当社刊行物のご注文にご利用下さい）

書　　名	本体価格	申込数

お名前　　注文日　　年　　月

ご連絡先電話番号（必ずご記入ください）　□自　宅　（　　）
□勤務先　（　　）

ご指定書店（地区　　）（お買つけの書店名をご記入下さい）　帳合

書店名　　書店（　　店）

5874

プラスチックと歩む

読者カード　ナタリー・ゴンタール、エレーヌ・サンジエ 著

より良い出版の参考のために、以下のアンケートにご協力をお願いします。＊但し、
後あなたの個人情報(住所・氏名・電話・メールなど)を使って、原書房のご案内な
を送って欲しくないという方は、右の□に×印を付けてください。　□

ガナ
名前　　男・女（　　歳）

住所　〒　　－

市　町
郡　村
TEL　（　　）
e-mail　@

職業　1会社員　2自営業　3公務員　4教育関係
5学生　6主婦　7その他（　　）

買い求めのポイント
1テーマに興味があった　2内容がおもしろそうだった
3タイトル　4表紙デザイン　5著者　6帯の文句
7広告を見て(新聞名･雑誌名　　)
8書評を読んで(新聞名･雑誌名　　)
9その他（　　）

好きな本のジャンル
1ミステリー・エンターテインメント
2その他の小説・エッセイ　3ノンフィクション
4人文・歴史　その他(5天声人語　6軍事　7　　)

購読新聞雑誌

書への感想、また読んでみたい作家、テーマなどございましたらお聞かせください。

き物はなぜ名付けられる必要があるのか

名の秘密 生き物はどのように名付けられるか

スティーヴン・B・ハード／エミリー・S・ダムストラ（イラスト）／上京恵訳

デビッド・ボウイのクモ、イチローのハチ、といった生き物の学名がある。生物はどのように分類され、名前を付けられるのか。学名を付けることの意味や、新種の命名権の売買まで、名付けにまつわる逸話で綴る科学エッセイ。

四六判・2700 円（税別） ISBN978-4-562-05895-2

マのすべてがわかる決定版！

ウマの博物図鑑

デビー・バズビー、カトリン・ラトランド／小林朋則訳

5500 万年をかけて進化してきた種であるウマの生物学的特徴・行動・多様性を、あますところなく探究した 1 冊。ウマは、6000 年前に初めて家畜化されたときから現在にいたるまで、わたしたち人間にとって欠かせない重要な存在だった。

A 4 変形判・3200 円（税別） ISBN978-4-562-05871-6

ろしくも魅力的な「幻獣たち」を大解剖！

説 異形の生態

幻想動物組成百科

ジャン＝バティスト・ド・パナフィユ／星加久実訳

ユニコーンやドラゴン、セイレーン、バジリスクなど、神話や伝説に登場する異形たちの、その姿ばかりではなく、組成や体内構造にまで、フルカラーで詳細画とともに生物学者が紹介した話題の書。

B 5 変型判・2800 円（税別） ISBN978-4-562-05904-1

わり者、短気、情熱的……なぜそのように言われるのか？

赤毛の文化史

マグダラのマリア、赤毛のアンからカンバーバッチまで

ジャッキー・コリス・ハーヴィー／北田絵里子訳

『赤毛のアン』や「赤毛連盟」でみられるように、赤毛はたんなる髪の毛の色以上の意味を与えられてきた。時代、地域、性別によっても変化し、赤毛をもつ人々の実生活にも影響を及ぼしてきたイメージを解き明かす。カラー口絵付。

四六判・2700 円（税別） ISBN978-4-562-05873-0

人類にとってプラスチックとは何か？

プラスチックと歩む

その誕生から持続可能な世界を目指すま

ナタリー・ゴンタール、エレーヌ・サンジエ／臼井美子監訳／秋間佐

埋め立てられない、焼却できない、リサイクルでき
人体にも環境にも悪影響ばかり。しかし、現代の私
プラスチックなしの生活は考えられない。よりよい未
めの今できることをプラスチック研究者である著者が

四六判・2800 円（税別） ISBN978-4-562-0

気鋭の地震学者が「歴史の教訓」を読み解く

歴史を変えた自然災害

ポンペイから東日本大震災まで

ルーシー・ジョーンズ／大槻敦子訳

歴史を変えるほどの大自然災害に、人々はど
合って克服してきたのか。なにを教訓として後
えてきたのか。古代から「東日本大震災」まで
震学・地球物理学者がわかりやすくひもといて

四六判・2400 円（税別） ISBN978-4-562-0

イギリス王立園芸協会がすすめるガーデニングバイ

イギリス王立園芸協会版 世界で楽しまれている50の園芸植物

ジェイミー・バターワース／上原ゆうこ訳

ガーデニングの成功への鍵は場所に合った正し
物を選ぶことだ。多年草から低木、室内の鉢植
野菜まで、どの庭にもそれぞれふさわしいもの
る。本書に書かれている適切なアドバイスに従
花いっぱいの庭（窓台）を手に入れることがで

B 5 変型判・2800 円（税別） ISBN978-4-562-0

見えない世界の驚愕の名所

図説 世界地下名所百科

イスタンブールの沈没宮殿、メキシコの麻薬密輸トンネルから首都圏外郭放

クリス・フィッチ／上京恵訳

カッパドキアの人々が戦乱をさけてつくりあげたト
都市、メキシコとアメリカの間にある麻薬密輸のトン
「地下神殿」こと首都圏外郭放水路など、世界中の
の魅力的な名所のなりたちを、写真、地図を添え

A 5 判・3200 円（税別） ISBN978-4-562-0

ことを述べておきたい。そう、人間の体はアルコール、ニコチン、その他の有害物質にある程度耐えられるように、ある程度の量までならプラスチックにも耐えられるということである。すでに私たちはプラスチックのナノ粒子を体内に取り入れてしまっているが、特筆すべき影響は感じられない。現在のところ、二一〇〇年に私たちの子孫がナノプラスチックに毒されているという明白な証拠は得られていない。私にあるのは、この問題のあらゆる側面の正しい知識に基づく公正な判断力だけだ。私たちが多かれ少なかれ確信を持って予測していることを、未来に確認しにいけるようなタイムマシンなどないのである。ただ、プラスチックの性質を考えると、プラスチックゴミの行く末を変えられない限り、こうならないことなど考えられないのである。

プラスチックが人体に害を与えるメカニズムは容赦ないものである。潜在的に毒性のある物質を引き寄せて自分の体に積み込むと、プラスチックは微小なサイズとなってその数を増やし、私たちの環境や食べ物に入り込み、最終的には臓器に入ってその機能に影響を与えるのである。五〇年前にはプラスチック製品の分解はほとんど始まっていなかったが、今日では、すでにいたるところで見られるようになっている。

自分の考えが正しいと確信を持つまで長い間口をつぐんでいるよりも、今すぐに、私は予防原則を尊重するよう社会に訴えたいと思う。私の要求が不都合だという人は、私が間違っていることを証明すべきである。そして、物質的生活を営む私たちの世界の隅々まで征服したこの物質が、ナノ粒子からなる巨大な敵となって私たちを襲ってこないことを証明する義務がある。一〇〇年後、それらが環境や孫たちの体を毒さない証拠を見せてほしいのである。

地球規模で見ても、問題となる点は同じである。私たちの体と同じように、地球も代謝によってある程度の量のプラスチックなら耐えられる。しかし、私たちに悪影響を及ぼさない受け入れ可能な最大量とはどのくらいの量なのだろうか。それを超えるのはいつなのだろう。そのときには、いったい何が起こるのだろうか。そのためには見識に溢れた信頼できる行動計画に基づく備えが必要だ。だが、その計画とはいったいどのようなものになるのだろうか。どんな計器があれば、ナノプラスチックの侵入を追跡することができるのだろうか。そして、講じる対策の有効性を測ることができるというのだろうか。私の頭には、そんな疑問ばかりが次々と浮かんでくるのだった。

第5章 埋め立てか、焼却か、リサイクルか……

フランス人は誰もが一年間で自分と同じ重さのプラスチックを捨てている。大量のフライドポテトの容器、サッカーボール、ガーデンチェアといった品々は、使われなくなったら、あとはいったいどうなるのだろうか。こうしたゴミの三分の一から二分の一は自然界、つまり川や森のなかへ行き、そこで自由気ままに細片化すると、風に乗って運ばれて、着いた場所を汚染する。一方、良識ある人によってゴミ箱に捨てられたその他のゴミは、埋め立て地か焼却施設に運ばれることになる。

また、プラスチックゴミの八六％は最終的に土や水や火のなかに投じられている。今までは全世界がこうしてきたが、プラスチックの消費の急増によって、現在ではポリマーの廃棄場所は汚く溢れかえっている。私たちの生活はプラスチックに征服されることで今まで順調に進んできたが、今日、そのゴミに侵略されることで逆境に追い込まれている。

増大していく不安に直面した人間たちは、サーキュラリティ（循環性）という言葉に想像力を駆り立てられた。分解するこのプラスチックというものを、すべて再生して循環させればいいと考えたのだ。つまり、リサイクルである。当局は正式にリサイクルを「奇跡の治療法」と呼び、同時に「使い捨てプラスチック」を公然と非難して、その使用を禁止した。しかし、これは、意図的な楽天主義で、現実の受け入れを拒否する態度であり、これらが混じり合ったものから生み出された措置には限界がある。そのため、四方八方に広がっていくプラスチックのような物質には、自由に広がる余地がまだたっぷりと残されていたのである。

ゴミ捨て場でかくれんぼ

私は新たなプロジェクトを立ち上げたが、それはうらやましがる人は誰もいないような研究だった。ゴミ捨て場と埋め立て地の地面の下の調査をすることにしたのである。これらは一九五〇年代から人間が消費してきたゴミが運ばれて、特にプラスチックゴミが堆積している場所である。私たちが製造し、購入し、消費し、捨ててきたすべての廃棄物の記録が各地層に残された、一種の地質の遺跡ともいえるものである。服や機械、建築資材など、そこに残されたものを数え上げれば、まさに私たちの生活様式もしくはその残骸を年代順に記録したとてつもない目録ができあがる。

ゴミ捨て場は、同時に、地中に捨てられたプラスチックがその後どうなるかを知るための非常に興味深い情報源になっている。たしかに、そこに埋もれているポリマーは、作られてから五〇年も経っていないものがほとんどだが、私たちが使わなくなったプラスチックが眠るこの場所を調べることで、この素材がどう変化していくのかを理解するための情報が得られるはずだ。こうして私は研究計画を策定し、欧州連合（ＥＵ）から助成金をもらうことを考えた。埋め立て地で円筒状土壌採取を行い、古さに応じたプラスチックゴミの分解具合を調査するため、深い部分のサンプルを採取するというものだ。それにしても、これまで誰もこの方法に興味を示してこなかったのは驚きである。

私たちがあまり記憶にとどめたがらないこの場所で、間違いなく最も驚くべきことは、プラスチックゴミを溜めるのにプラスチックを使用していることである。現在、埋め立て地を作る際には、私たちは大きな穴を掘り、繊維とプラスチックでできた土木安定繊維材（ジオテキスタイル）という大きなシートカバーを張りめぐらせ、そこにゴミを堆積させている。集められたゴミから出る少量の水分は排水管から排水される一方、固形のものはその場でときが経つのをじっと待つ。

しかし、今まで見てきたように、プラスチックは時間とともに必ず劣化し、分解し、細片化していく。この過程をたどるのはプラスチックのゴミだけでない。ゴミをとどめる役割のジオテキスタイルも例外ではないのだ。つまり、プラスチックのゴミがナノサイズまで小さくなったときには、ジオテキスタイル自身もゆっくりと劣化しており、ゴミのナノ粒子はもはや何の邪魔も受けることなく、この劣化したジオテキスタイルの隙間を楽々と通り抜けていくのである。そして、客観的に考えれば、家庭用包装材やジオテキスタイルなどのプラスチックは、マイクロサイズからナノサイズの大量の微粒子となって、そのすべてはいつか必ず環境の隅々へと一斉に散らばっていくことが予想される。たしかに、ゴミがナノサイズまで小さくなるには時間がかかるが、なかには五〇年以上も前から堆積しているゴミもあり、その当時の埋め立て地ではジオテキスタイルは使われず、ゴミは直《じか》に土と接していた。私は土のなかに積まれていたゴミがどうなっているのか知りたくてたまらなかった。

企業や政治家だけでなく、いくつかの財団[1]や非政府組織（NGO）も、ゴミ捨て場や埋め立て地は資源の無駄遣いだと非難した。プラスチックの経済的価値がそこで失われているというのだ。リサイクルが可能なら、ゴミ捨て場に眠るプラスチックを分類して再処理することを妨げるものは何もない。しかし、埋め立て地の弱点はそこではなく、真の危険はまた別にあり、より一層気がかりなものである。プラスチックをきちんと蓄えておくには、プラスチックよりも寿命が長く、生物のバリアを通り抜けられるほどの微細な粒子を引き止めておける素材が必要なのだ。

危険な核廃棄物が金属容器に格納され、私たちの足元の非常に深い地層に保管されていることに、異議を唱える人もいる。それはまったく正しい行動だ。しかし、核廃棄物はプラスチックより有毒だが、その量は限られている。住民一人当たりが出す核廃棄物の量は、年間二キログラムだが、先進国ではプラスチックゴミの量はその五〇倍である。その上、人類はこの毒を含んだ遺産の安全性を子孫に保証する方法を見つけていない。

埋め立て地に埋められたプラスチックも、結局は、同じ頃に自然環境に直接捨てられたプラスチックと一緒になって地中を通過し、川や海を汚染することになるのである。このような危険性があるにもかかわらず、私たちはとてつもなく膨れ上がったゴミ捨て場にプラスチックゴミを捨てつづけている。毎年、フランスだけで、収集されたプラスチックゴミの三〇％以上にあたる一六〇万トンのプラスチックが、この巨大な山に加えられている。[2] この割合は、「グリーン化促進のためのエネルギーの移行に関する法律」の目標が達成されれば、二〇二五年には一五％まで減らされるはずである。

それでは、私たちの無数の使用済みプラスチックはいったいどうなるのだろうか。スイスやノルウェーといった一部の国々では、埋め立て率が二％を下回っている。そういった国々では、プラスチックの最終処理に焼却などの他の方法を選択している。

二〇二五年以降に何が起ころうとも、現在あるゴミ捨て場にはすでに膨大な量のプラスチックが溜まっている。それを廃棄するか有効利用するかという問題を考えるとき、そこから回収しようとするものがエネルギーにせよ素材にせよ、その前に、まずこれらのプラスチックゴミがもたらす危険性を完全に取り除く必要がある。

煙となって逃げていく

あなたのスマホケースが、埋め立て地でゆっくりと分解したのちに、私たちの土や川に散らばるという道をたどらない場合、そのケースはたいてい焼却されるか、または稀に熱分解されることになる。フランスで回収されたプラスチックゴミの三分の一がそのように処理されている。焼却処理はゴミ捨て場への廃棄と比べてはるかに手っ取り早い。ゴミを炉に投げ込んで燃やせば、場所をとっていたゴミを処分できるのである。ただし、たいていは、といっておこう。焼却処理でトップといえる国（少々の熱分解処理も含まれる）はデンマークである。この国では、リサイクルに力を入れ、また焼却に適する廃棄物の埋め立てを禁止して、プラスチックゴミの六〇％をこの方法で処理し、ゴミ捨て場行きとなる使用済みプラスチックを二％以下に抑えている。

しかし、プラスチックの破片を燃やしたことのある人なら誰でも、それがどうなるか知っているはずだ。ねじれたり縮んだりして耐えがたい悪臭や煙を出し、最後には黒い灰が残るのである。プラスチックは家庭ゴミのなかの有機物よりもよく燃えるが、これはプラスチックには水分が少なく、エネルギー効率が高いからである。しかし、プラスチックには、製造工程で加えられた添加剤や、作られてから燃やされるまでの間に引き寄せてきた汚染物質などが含まれ、これらの物質が完全燃焼しないのと同様に、プラスチックは完全燃焼しないのである。

燃焼することで、プラスチックは熱を放出する。焼却施設はその熱を回収し、エネルギーに変える。この有効利用は、同時にプラスチック廃棄物の体積の大部分を消してくれる焼却施設の力によるものだが、一方で、この処理に伴って微粒子が放出される危険性がある。プラスチックを燃やすと煙が出るが、その煙には、有害なガスや蒸気、また同じように有害な微粒子が含まれている可能性がある。したがって、大気中に放出される前に処理済みであっても、この煙は大気の質を落とす原因となる。また、燃焼すると初期質量の最大三〇％の固体残渣が残り、これにも特定できない未知の物質や、潜在的に危険な物質が含まれている。これらの物質も、存在を忘れられる目立たない場所を探す以外には方法もない、歓迎されない残留するゴミの仲間である。結局、プラスチックの燃焼という処理はCO_2、少量のメタンと酸化窒素という形で炭素を放出し、これらのガスは温室効果や地球温暖化の原因となる。

プラスチック処理のもう一つの方法は、ある種のプラスチックを高温で加熱してエネルギーに変換する熱分解という方法である。この処理では、プラスチックを無酸素の環境で三〇〇〜九〇〇℃で加熱することにより、燃焼させるのではなく、液体や気体になるまで分解し、ガソリンやディーゼル燃料、ガスといった内燃機関用の燃料に変えるのである。こうして得られたプラスチック由来の油化燃料や気化燃料は、使用時の燃焼において、原油を精製して得られる同種の化石燃料を燃焼させた場合と同量のCO_2を放出する。しかし、このようにプラスチックゴミが燃料として使用された場合のCO_2の総排出量や副次的に発生する一酸化炭素（CO）の排出量は、プラスチックゴミが単に焼却された場合よりも少なくなる。

ただ、熱分解では特定のプラスチック（主にPEとPP）しか処理できないため、まだ採算が合うとはいえない。そのほか、PET、PVC、海から回収された劣化したプラスチックなどは熱分解に適していない。そのため、この技術では廃棄物の効率的な分別と質の高い素材が求められる。

ここで基本的なことを理解しておこう。内燃機関用燃料と違って、プラスチックは石油の炭素を閉じ込める形で保持しつづけ、CO_2は製造時や運搬時にはそれなりの量が放出されるが、それ以外ではほとんど放出されない。CO_2が放出され、実際にプラスチックの「カーボンバランス

（温室効果ガス排出量の算出方法）」の問題が生じるのは、燃やされたときだけである。

結局、プラスチックになった石油の行きつく先について、私たちにあるのは二つの選択肢だけである。一つは、炭素を閉じ込めた小さい残留性のある粒子となって、私たちの健康や環境を汚染するというもの。もう一つは、プラスチックを燃やすことで、地球温暖化の原因となる温室効果ガスという形で炭素が放出され、私たちの環境、そして最終的に私たちの健康を脅かすというものである。

このように、焼却や熱分解に関してはそれぞれ同程度の長所と短所があり、国によって評価やその運営が大きく異なっている。

さて、それでは、埋めるか燃やすしか選択肢はないのだろうか。欧州の首脳陣は、プラスチックゴミの山に対してより好ましい解決法を見つける必要性を理解していた。そこで、彼らは期待と異なるサイクルに足を踏み入れてしまわないように限度をわきまえるという条件で、魅力的で将来性のあるリサイクルを採用したのである。

曖昧なリサイクルという言葉

二〇一七年の七月。世界の人々はしばらく前から、海洋中のプラスチックゴミの渦や、プラスチック製の物体の詰まった海洋動物の胃袋、食品中のマイクロプラスチックに憤りの声を上げていた。プラスチックゴミの焼却や埋め立てという方法はもはや評価されなくなっていた。そこで、循環型経済を推し進める欧州戦略を受けて、フランスは「気候計画」という気候変動対策計画[3]のなかで、「二〇二五年までに一〇〇％のプラスチックをリサイクルさせる」という目標をものものしく発表した。それを聞いて私は椅子から転げ落ちそうになった。一五年間、私はプラスチックのリサイクルのための研究をしてきたが、今日、リサイクルには多くの限界があるため、一〇〇％リサイクルさせるという目標は愚にもつかないものに思えたのだ。当然のことのように、「すべてをリサイクルしなければならない」と主張することで、政治家たちは、私たちに可能なすべての選択肢の補完性に関する議論の扉を閉ざしてしまった。これによって、私は真のリサイクルの長所に対する信用が失われてしまうのではないかと心配になった。実際、歯ぎしりをするほど腹が立ったが、事実を指摘できるのは科学者の他にはいない。私は科学者としての責務をまっとうしようと心に決めた。

まずは、「リサイクル」という、この定義の曖昧な言葉について整理することから始めよう。循環型経済で考える「真の」リサイクルとは、廃棄物が再びその最初の状態からまったく変化していない物質に戻ることをいう。たとえば、ガラス瓶を溶かしたら、元の溶けたガラスと区別できない同質の素材が得られる。鉄もまた然りで、元の素材で作ったものよりも脆くなる心配もなく、鉄製の瓶や刀を再現することができる。この工程は使用における最終製品の品質を落とすことなく何度も繰り返し行うことができる。つまり、閉じた環《わ》で無限に循環可能なのである。これが真の意味でのリサイクルである。

これに対して、プラスチックの場合は、リサイクルというより「ダウングレードリサイクル」と表現する方が適切である。「リサイクルされたプラスチック」といわれるもののほとんどは、大雑把に分類され（ゴミ箱のなかで多くのプラスチックが交ざっているので、すべてのプラスチックを分けるのは難しい）、粉砕され、水と洗剤で表面を洗浄されて再溶解されたものである。しかし、こうして得られる素材は、劣化している。ポリマー鎖は壊れ、鎖の長さは短くなり、結合力も落ちているのだ。さらに、ポリマー鎖は簡単な表面の洗浄では除去しきれない不純物を吸収している。第三章で述べたパスティスを飲むのに使ったプラスチック製のコップのことを思い出してほしい。つまり、利用者の安全を損なうことなく、たとえば食品包装や自動車部品の製造に、このようなプラスチックを使うのは難しいのである。よって、再生されて質の落ちたプラスチックは、飲料水のボトルや自動車のエアバッグよりも安全面や機能面で求められる水準が多少低くてもよいものを作るのに使われる。たとえば、フランスの一部の地域で集められたヨーグルトのプラスチック容器は、再処理のためにスペインまたはドイツへ送られている。そこでできたダウングレードリサイクル素材は、元の素材より質が落ちるため、ヨーグルトの新しい容器には使えないが、木や素焼きといった素材の安価な代替品として使えるので、ハンガーやフラワーポットに使われている。そして、このプラスチックが第二の生涯を終えると、もう製造工程に再投入されることはなく、ゴミ箱行きとなる。つまり、私たちが未来の世代に残すプラスチックという遺産に加わるのである。

プラスチックのリサイクルは、環状とはいっても、完全には閉じていない環である。ダウングレードリサイクルの環は螺旋《らせん》を描き、地球の資源を無限に引っ張り出して、結局ゴミとなるタイミングを少し先送りしているだけなのである。こうして、ダウングレードリサイクルによって、プラスチック製品は、使用時にそれほど高い機能が求められない製品として第二の生涯を送るというコースを進むことになる。しかし、最終的には、確実に「廃棄物」の枠に入ることになる。私たちのプラスチックゴミを一〇〇%無限にリサイクルし、そうやってゴミをなくそうなどというのは、幻想なのである。

欧州では、使用済みプラスチックの平均一四%がリサイクルのために回収されている(4)。この決して多くはない回収量のうち、四%はその工程中に失われ、一般廃棄物の仲間入りをする。八%は異なる用途に使用されるためにダウングレードリサイクルされ、たとえばフリースジャケットなどが作られるが、この場合にはその使用が終わったらもう一度リサイクルすることはできない。結局、リサイクルされて元の製品とほぼ同様に使用されるもの(主にPETボトルである)は二%にも満たない。それに加えて、プラスチックのリサイクルには二つの制限がある。一つはリサイクルプロセスのサイクルは一度きりだということ。もう一つは、十分な品質の素材を得るためには、使用済みプラスチックにプラスチックのバージン材(再生素材ではない未使用の最初の状態のプラスチック)を混ぜる必要があるということだ。

プラスチックゴミを「リサイクル」することに最も力を入れている国々を見ても、プラスチックのバージン材の消費量の減少は見られず、同じ比率で消費が続いている。この事実を押さえておくことは非常に重要で、ノルウェー、ドイツ、スウェーデンではプラスチックのリサイクル率が約四〇%[5]という目をみはるような数字を出しているが、プラスチックの「原料」、つまりバージン材の消費量[6]を確認すると、それに応じた減少はまったく見られない。つまり、こういった国々では、おそらくプラスチックゴミの四〇%を再加工はしているものの、元の素材と同じものとして再利用できているわけではないということだ。もし、元の素材と同じものとして再利用できていれば、その国の人々の欲求を満たすために、もはやバージン材を使う必要はないはずだ。

リサイクルにすべてを懸ける前に、政治家たちはその定義を明確にしておくべきだった。私たちにはそう遠くない将来に「真の」リサイクル技術が発展することを頼みの綱として、それに希望を託すという道もあるのかもしれない。しかし、これは大きな危険を伴うことである。というのも、環境問題が現在すでに始まっている一方で、多種にわたるプラスチックを無限の回数処理できる技術をめぐる採算性はまだ確立されていないからだ[7]。私がこんな話ばかりしているからか、ある日、フランス・キュルチュールというラジオ局のジャーナリストが私にこんなことを訊いてきた。「それにしても、あなたはいつでも最悪のシナリオを考えるタイプなのですか？　地球は明日崩壊する、もう打つ手はない、とでも思っているのですか？」とんでもない。それどころか私はどうしようもないほどの楽天家だし、限界を意識しながら非常に複雑な問題の解決策を考えるのが大好きだ。長い間、私は自分の話が少しでも聞きやすいものになるように、話のなかに肯定的な要素を入れようと努めてきた。たとえば、ＰＥＴのメカニカルリサイクルは完璧なプロセスだといったりしたのだ。だが、今回はそうしてはいられない。真実は話さなければならない。私は自分自身に対して、そして私の話に耳を傾けてくれる人たちに対して正直でいなければならないのだ。

人々の注意と努力をすべて、「一〇〇%リサイクル」という達成不可能な目標に集中させてしまうと、誰にでもすぐにできる効果的な他の方法から私たちを引き離してしまう恐れがある。それはたとえばプラスチック消費を減らすという方法だ。産業界は社会とともにこの方向へと移行していく義務がある。そして、政府によってとどめられている曖昧な状態から抜け出さなければならない。現在、時間は迫っているというのに、産業界は脱工業化社会の一種の無気力状態のなか、リサイクルの陰に隠れてのんべんだらりと過ごしている。しかし、私たちがプラスチックの問題に敢然と挑むのが遅れれば遅れるほど、この問題を制御するのは難しくなるだろう。

「ダウングレードリサイクルされた」プラスチックのグレーな市場

リサイクルによって再生された質の低いプラスチックは、大きな問題を生み出した。販路の確保である。こうして、この低品質な素材に新たな用途を与えるために、私たちの消費モデルに余分なサイクルがつけ加えられていった。「リサイクルする」、いい換えればゴミを減らすという口実の下、私たちは依然としてプラスチック製品、つまり、よりよい管理の仕方もわからない未来のゴミを増やしながら、問題をはぐらかしている。

最も華々しく見えるプラスチックのダウングレードリサイクルは、人道主義とエコロジーを組み合わせたものである。一石二鳥ともいえるこの見事な方法で、プラスチックゴミは梁やレンガとして生まれ変わり、南の発展途上国で住宅や学校の建設に使われている。[8] 他の場所では、これらの中古ポリマーがアスファルトの代わりに路面の舗装に使われている。[9] ファッション産業では、バージン繊維や天然繊維に代わるものとして、リサイクルプラスチックでできた新繊維の提案が行われている。[10] こうして、一方では私たちのゴミを処分しながら、もう一方では新素材を安い価格で貧困層に使わせているのである。よき意図は往々にしてよからぬ結果に終わるとはこのことだ。というのも、このただ同然の中古のプラスチックが環境中で微細片となり、マイクロ粒子、そしてナノ粒子となっていくことは、新品のプラスチックと変わらないからである。同時に、木や石や麻といった環境問題とは無縁の地域の天然素材は、それらと張り合った挙句に姿を消していくのである。それとともに、その天然素材の活用ノウハウも消え、それを製造していた職人は仕事を奪われていく。裕福な国が使用済みの服を発展途上国に輸出し、[11] その国の織物産業を潰してしまったのと同じ方法で、私たちが発展途上国に押しつけた低品質のプラスチック素材は、他の関連産業を危険にさらすことになるのである。

ゴミについては、マフィアの悪事も見逃せない。南イタリアでは、殺虫剤で汚染された農業用温室の防水シートをリサイクルしていたマフィアのネットワークが警察によって解体されるという事件があった。[12] マフィアはプラスチックをいい加減に除染し、そのときに出る汚染物質がたっぷり含まれた洗浄水をそのまま環境に放出した。そして、まだ汚染が残っているプラスチックを靴の製造のためにアジアに輸出し、作られた靴は毒性を持ったまま、その後イタリアに再輸入されて販売されていたのである。

ダウングレードリサイクルが描く螺旋のなかの、たちの悪い最後の部分は、プラスチックゴミが目に見えなくなることで私たちの罪悪感が軽くなるということだ。自分たちのプラスチックを使いたいという激しい欲求や、その是正を先延ばしにしていることに対して、もはや罪悪感を抱く必要を感じなくなるのである。そして、ゴミの処理が国境を越えた他国で行われるともなると、私たちは完全にその責任から逃れることになる。電子機器のプラスチックゴミ（非物質化の努力の結果生まれた、場所をとる亡霊）が、多くのアフリカ諸国に慈善寄付という形で送られてしまうと、世界の環境意識の高い人々の視界から完全に消えてしまうのである。[13]

もちろん、プラスチックの収集とリサイクルを連携させる機関は、それぞれの地区で、全体が合理的で組織的に管理されることを保証している。しかし、私の知るところでは、二〇一七年まで、どの機関も一般市民に知らせていなかった事実がある。それは、リサイクルされるものの数に入れられていたプラスチックの大部分が、リサイクルのために外国、特に中国へ送られていたということである。[14]この輸出は、二〇一六年には使用済みプラスチックの一〇％以上に及んでいた[15]にもかかわらず、公表されていなかった。さらに、この数字に含まれているのはトレーサビリティ（生産・流通履歴の追跡可能性）のあるプラスチックだけで、つまり、代表的な一五種のプラスチックのうち三種だけである。たとえばＰＥＴのように最も流通しているプラスチックも、申告されていないプラスチックゴミと同様にリストに載せられていなかったのだ。プラスチックおよびプラスチックゴミに関する非常に名の通った報告書にもそのはっきりとした記載はなく、議論もなされていないのである。

二〇一八年九月に放送されたある調査番組を見た人は、その画面に映し出されたタンザニアの工場裏の敷地の光景を見てぎょっとしたはずだ。そこには青と白の様々な色合いのプラスチックゴミの巨大な山がそびえ立ち、その山に立てかけたいくつもの梯子を労働者たちがよじ登っていたのである。このプラスチックの山は本来「リサイクルされるべき」大量のボトルでできていた。以前はこれを破砕して中国に送っていたが、中国がプラスチックゴミの輸入の廃止を決定したために、誰にも手の打ちようのない状況になっていた（このことについては第六章で詳しく記す）。使用後のプラスチックがどう扱われるかという情報は、明確で透明性のあるものでなければならない。だが、事態はそれとは完全にかけ離れたものになっていた。再生（つまりリサイクル）されるにしろされないにしろ、これらのゴミはこれからどうなるのだろうか。プラスチックゴミをリサイクル専用のゴミ箱に捨てるだけでは、問題となるのを止めるには不十分なのである。

リサイクルは一度まで

科学者の役割は、たとえ現実との妥協を望む人たちを困らせることになったとしても、事実を主張することである。私は一〇年以上にわたり、イタリアのパルマのＥＦＳＡの本部で食品と接触するプラスチックのリサイクルにおける安全性の確保に取り組んできた。

私たちはそこで、真のリサイクルに最も近くなるリサイクル方法、すなわち、現在、産業規模で存在している「ＰＥＴのボトル・ツー・ボトル・メカニカルリサイクル[1]」と呼ばれる方法について研究していた。これは主にＰＥＴの最も清潔で丈夫なゴミでボトルを作り直すサイクルである。まずは使えるゴミを選別し、粉砕して細かいフレークにしたあと、洗浄、除染し、再重合させる。こうして最終的に「リサイクルペット（ｒＰＥＴ）」と呼ばれる再生プラスチックが得られるのである。

だが、ある日、気がつくと、私はＥＦＳＡの好ましからざる人物となっていた。ＰＥＴのボトル・ツー・ボトル・メカニカルリサイクルにおける二点の事実を述べたからである。一つ目は、この工程で生まれた再生原料は劣化しているという点だ。ｒＰＥＴには除去されずに残ったいくらかの不純物が含まれている。それによってオリジナルのボトルよりも少々透明度に欠け、黄みがかった色合いとなり、耐久性も若干落ちた素材となる。この弱点を補うために、よくバージン材が加えられる。これは私たちに可能な最良のリサイクルでの話であり、しかも、これが当てはまるのは一部のＰＥＴボトルだけで、それは私たちが消費するすべてのプラスチックの二％以下にすぎない。つまり、プラスチックのメカニカルリサイクルはもともと特定のプラスチックに限られたものなのである。

二つ目は、プラスチックのリサイクルは、食品を入れることを目的とするなら、一度までしかできないという点である。実際、食品包装材には完璧な衛生安全性の確保が必要である。というのも、食品は、包装材に含まれる添加剤や不純物といった物質と単に接触しただけでも汚染される可能性があるからだ。ほんの小さな包装材でも、市場に出ることを許可するのには、当局は消費者保護のため、その素材から危険な物質の移行が起こらないことを保証しなければならないのである。この絶対的なルールに従って、ＥＦＳＡは包装材のリサイクル工程の審査を行い、その結果で許可証の交付の可否を決定するのである。

実際、ミネラルウォーターのボトルには、メーカーが製品の設計段階で意図的に加えた添加剤だけでなく、ボトルがその生涯を通して出会う思いもかけないような汚染物質までもが含まれている。ＥＦＳＡでは、こういったすべての汚染リスクも含めて計算した上で、これは無視できるレベルであるという結果が示されていた。しかし、私たちの計算は一度のサイクルについてのみ行われたものであり、それはつまり、私たちの結論はこの条件下でしか有効ではないということだ。実際、何度かリサイクルされたプラスチック中に、使用・除染サイクルを通じて、次第に変性して増加する汚染物質や添加剤が蓄積しないと保証することは困難である。また、サイクルを重ねるごとに、ポリマー鎖からオリゴマーと呼ばれる非常に小さな鎖が離れるため、これらが食品に移行する危険性は高いといえる。

このようなことがあるのに、プラスチックが使用・汚染を経て、リサイクル・除染というサイクルを何度か繰り返したとき、それが食品との接触に適していると保証することはできるのだろうか？　現在の私たちの知識では、答えは「ノー」だ。

しかし、欧州委員会は、「循環型経済のための欧州戦略[17]」で、二〇一七年から食品包装材のためのメカニカルリサイクルの認可を加速し拡大することに重きを置いていた。私はこの戦略の発表の数ヶ月後に会議に呼ばれたが、招集された理由はこの戦略の実現可能性を議論するためではなく（そもそも私たちはこのことに関して前もって相談を受けていなかった）、できるだけ早くこれを実施するためだった。そのときには、それがＥＦＳＡの専門家として出席する最後の会議となるとは、私には知る由もなかった。

欧州委員会の特使は、私たちに委員会の意向を伝えると、審査を加速し、範囲をより多くのプラスチックに広げるよう促してきた。私はすぐに、私の見解は彼らの期待を満たさないことを理解した。そうして先ほどの二点の事実を述べたのである。私は「一〇〇％リサイクル」という目標と、一度のみのサイクルでの評価という原則が両立せず、つじつまが合わないことを強調し、私たちが（無視したり回避したりせずに）取り除かなければならない障壁を指摘して、上層部の決定の実践に集中する代わりに、目標の実現可能性そのものについて問題を提起したのである。

特使は欧州委員会での自分の使命を果たしにきていたが、私は自分の信じる使命を果たそうとすることで、彼の任務を遅らせていたのである。彼は欧州委員会のプラスチック戦略の実施のために献身的に働いていたが、今日の私には、その欧州委員会は、政策を断行する盲目的で奇妙な組織のように思えてならない。

それというのも、ｒＰＥＴに関しては、まだまだ多くの疑問があるからである。ｒＰＥＴの「生涯」の始まりから使用状況をどうやってたどることができるのだろうか？　ｒＰＥＴはどのような状態になるのだろうか？　それをＰＥＴのバージン材と見分ける方法や、大きなダメージを受けたものを選別する方法はどのようなものなのか？　数サイクルを経て蓄積され劣化した添加剤はどのような状態になるのか？　重すぎるため除染で蒸散させられない汚染物質は、除染の都度、どの程度残るのか？　数サイクルを通して汚染物質はどのように蓄積されていくのか？　この劣化した素材は食品を保護する能力を保つことができるのか？　これらの質問に対する明確な答えは出ていない。一方、私が共同署名したこのテーマに関する報告書は明確だ。それは、メカニカルリサイクルは一サイクルの安全性しか確認できていないということである。そして許可証はすべてこれに基づいて交付されている。

何はともあれ、その会議のあと、ＥＦＳＡの「リサイクル」グループでの私の任期は更新されなかった。一〇年間、忠実によい仕事をしたつもりだったが、事前にそれを知らせるメールも電話もなかった。ただ、そこからぱったりと、委員会の会議への招集を受けることがなくなったのである。そのため、このＥＦＳＡ内での一〇〇％リサイクルの話の続きをお伝えすることはできない。だがその代わりに、この本を書くことができて満足している。ＥＦＳＡの専門家としての職務に就いていたら、本書の執筆はもっと複雑なものになっていたはずだ。

第6章 活発化する環境保護活動

二〇二〇年代が近づくと、毎朝のようにプラスチックゴミによる新たな被害のニュースが耳に入るようになった。ラジオをつけず、新聞を閉じていても、コップに水を注ぐだけで、意識はPETボトルに引きつけられた。これはリサイクル可能なボトルだが、結局はこれも地球の裏側に追いやられることになる。そして、そのボトルのなかの水は、マイクロプラスチックで汚染されているように思われた。

世論はお得意の一八〇度の方向転換を行っていて、プラスチックは今や地球温暖化、社会的危機、購買力の低下と並んで私たちの重大な関心事の一つになりつつあった[1]。そうしたなかで、私たちの不安を和らげようと、自発的に多数の様々な対策が打ち出され、国連や政府、NGOや企業、そして市民は皆それに協力した。「世界のゴミ捨て場」とされていた国々は、先進工業国からのゴミの受け入れや処理を拒否し、冒険家たちは海に浮かぶプラスチックゴミの引き上げに船出していった。驚くような解決策が生み出されては、メディアで盛んに取り上げられ、産業界は罪のないポリマーに不当な汚名が着せられていると声を上げた。プラスチックとの戦いのこのような騒ぎのなかで、自分のとるべき道を見つけるのは難しい。プラスチックで溢れたこの惑星で、皆が解決策を探そうと躍起になっているが、出てくるすべての意見の価値を把握することは至難の業である。

リサイクル惑星崩壊の日

二〇一七年七月のある日のこと[2]、プラスチックゴミの国際貿易という暗い空に一筋の稲光が走った。中国が世界貿易機構に対し、他国からの使用済みプラスチックの受け入れを六ヶ月以内に終了すると通告したのである。中国では環境対策の一環として「緑の長城計画[3]」と呼ばれる緑化活動を行い、そこでもすでに二〇一三年にこれを予告していたが、今回は「ナショナルソード（国門利剣）」と呼ばれる廃棄物の輸入規制が発令された。この朝、世界の富裕国の人々は、自国のプラスチックゴミの七〇％と「リサイクル可能な[4]」プラスチックの五〇％以上が、数十年前から東南アジアや太平洋地域の貧困諸国に送られていたことを知ったのである。

この新事実によって、突然、数年前から見てきた衝撃的な映像が、富裕国の人々の目に浮かんだ。私たちは、これらの貧困国から届くプラスチックゴミで溢れた川や海岸の映像を見て、この川や海岸が海洋プラスチックゴミの渦の拡大の原因だと思ってきた。そして、これらの世界のはるか遠くの国の人々は、ゴミを収集して分別するような教育を受けておらず、自分たちならもっときちんとゴミを管理できるのに、と暗に思っていたのだ。だがこの日、ゴミを分別して正しいゴミ箱に捨てる教育を受けてきた欧州とアメリカの人々は、自分たちの出すゴミの大部分がずっと前から遠いよその国に送られていたことを知り、呆然としておののいたのである。それまで地球の裏側に溢れるゴミを憤慨して見てきたが、それはおそらく自分たちの出したゴミだったのだ。

二〇一七年から二〇一八年の間に、中国へのリサイクル可能なプラスチックの輸出は九九・一％減少した。(5) 西欧諸国は打撃を受けた。自分たちの出したプラスチックゴミの処理方法もわからないまま、突然、その処理という難題に直面することになったからである。

中国のナショナルソードが北アメリカと欧州に衝撃を与える以前から、すでにリサイクル可能とされるゴミの置き場は一杯になっていた。中国の廃棄物受け入れ終了からほんの数ヶ月後の二〇一九年の春、フィラデルフィア市はこのプラスチックゴミをリサイクルに送る代わりに焼却による処理を導入した。(6) また、メンフィス空港は今後、このリサイクル可能なプラスチックもゴミ捨て場に送ることを決定し、一方、フロリダ州のある都市では、別の解決策が見つかるまでの間、ただ単にこのゴミの収集プログラムを停止した。

こうした動きに続いて、他の国々でもプラスチックゴミの受け入れを拒絶する動きが広がっていった。若きスウェーデン女性グレタ・トゥーンベリが気候保護のために声を上げたのと同様に、このゴミとの戦いにまず立ち上がったのは、エネルギーに溢れた三〇代の若きアジア人女性政治家、ヨー・ビー・インである。マレーシアの巨大な「エネルギー・科学・技術・環境・気候変動省」の大臣であるヨー・ビー・インは、現場でヘルメットをかぶり、断固とした態度でこう宣言した。「先進国には、自分たちで出したゴミを私たちの国に送りつけてこないよう要請します」。

中国と同様に、マレーシアも長い間、欧州と北アメリカから送られてきたプラスチックゴミに埋もれ、再処理工場で発生する汚染物質から市民を守るのに苦労してきたのである。

二〇一九年六月、彼女は国内に多数あるプラスチックのリサイクル工場の閉鎖を発表した。そして、大部分が違法に送られてきた数百トンものゴミを輸出国に送り返すと宣言し、これは、一年以内に実行されることとなった。「私たちは先進国の人々に、プラスチックゴミの管理方法を見直し、発展途上国にゴミを送りつけることを中止するよう求めます」。この表明は、世界中のメディアによって報道された。「プラスチックゴミをマレーシアに送ってきた場合、容赦なく送り返します。マレーシアは世界のゴミ箱ではありません」。この宣言を受けて、数ヶ月後には、ベトナムとインドネシアもプラスチックゴミの輸入の扉を閉ざすと宣言した。そして、スリランカ、タイ、カンボジア、フィリピンといった他の国々も立ち上がり、他国からのプラスチックゴミの輸入規制を強化した。二〇一九年六月末、フィリピンはゴミが入った六九個のコンテナをカナダに送り返した。これにより、数年にわたって行われてきたマニラ―オタワ間の非公式の話し合いは終わりを迎えた。フィリピンのロドリゴ・ドゥテルテ大統領は、カナダに向けてこういい放った。「盛大な（ゴミの）歓迎会の準備をしてください。そして、よろしければ召し上がってみるといい(7)」。

後ろめたさの輸出

富裕国の住民である私たちを直ちに動揺させたのは、私たちが数十年にわたって他国を汚してきたという事実より、自分たちのゴミがこれらの遠い国々へ運ばれていたことを知らなかったということだった。それまで私たちは、恐ろしい海洋汚染の責任は、ゴミの管理ができないこれらの国々にあると本気で信じて非難してきたのである。怒りや不信感、猜疑心《さいぎしん》とともに、頭のなかに疑問が湧き上がってきた。信頼性の高い組織による算定報告書にも、この大量の輸出に関する記載はまったくない。では、この事実を知って黙認していたのは、いったい誰なのだろうか？

プラスチックゴミの行く先や処理に関する公的な定期報告書やその数字をかき集め、報告書の責任者に質問したりした結果、わかったのは、他国に送られたプラスチックゴミが、書類上では「リサイクル」の欄に記載されていたということだった。送られるゴミは規定通りにリサイクルされるとみなされていたため、ここに入れられていたのである。結局、この過ちは、国ごとに「基準」が異なるせいだということにされてしまった。(8)

フランスのシテオ（Citeo）という、家庭用（特にプラスチック製）包装材のリサイクル資金を企業から集める非営利団体は、次のように説明した。「全工場で体系的な管理が行われています。私たちはその管理方法が認可を受けたものであること、そしてゴミ処理に関する地域の法に則った規制を遵守した技術によるものであることを確認しています。しかし、そのシステムも絶対に間違いがないというものではなく、ミスや不正も起こり得ます。私たちが見た映像（特にマレーシアの自然環境中に捨てられたフランスのゴミ）はそれを端的に示すものです。世界中があの状況を嘆いています。というのも、あれは、きわめてよく機能している他のシステムをも辱めるものだからです[9]」

当時の環境連帯移行大臣であるフランソワ・ド・リュジは、地球の裏側で見つかったフランスのゴミについて質問されると、眉を顰《ひそ》め、「欧州では、欧州のゴミは欧州でのリサイクルを原則とする」よう望むと述べた[10]。状況に鑑みて政治家たちはこういうしかなかったが、その発言には溢れるプラスチックに直面した彼らの狼狽が表れている。実際に、いくつかの調査[11]によって、地球の裏側に送られたプラスチックは、再び製造に投入する素材としては実に厄介で、周囲の環境を著しく汚染するものであることが明らかにされている。

もともと不十分だと思われていたリサイクル率は、これですこぶる疑わしいものとなった。いったいどのようにしたら、リサイクル可能なプラスチックの輸出が、最も信頼性の高い分析から逃れることになったのだろうか。この分析は欧州のプラスチック戦略の策定に用いられるものだ。二〇一九年発行の情報冊子には、欧州で回収されたプラスチックゴミの半分が外国へ送られていると書かれている[12]。プラスチック戦略はこの情報をどのように消化し、取り入れたのだろうか。

現在はさておき、遠くない将来にすべてのプラスチックをリサイクルしなければならないことになっている。フランス政府と欧州はこの途方もない挑戦の期限を二〇二五年と定めている。つまりもうすぐだ。しかし、この目標を掲げても、鍵となる疑問が残る。私たちの使ったプラスチックを、すべて自国の土地でリサイクルできるというのだろうか。そしてその行く先はどのようなものになるのだろうか。

フランスに関しては、計算はすぐにできた。二〇二〇年現在、「同じ素材での再生」という意味で正しく処理できるのは透明樹脂でできたPETのボトルのみである。その処理はフランスでは二ヶ所の工場、イル゠ド゠フランス地域圏にあるFPR（France Plastiques Recyclage）と、ブルゴーニュのアンフィネオ（Infinéo）で行われている。FPRでは年間三万トン、アンフィネオでは年間二万トンのプラスチックの処理が可能であり、この二ヶ所で、毎年フランスで使用されたプラスチック五〇〇〇万トンのうちの一％を吸収することができる計算になる。だが、残りの九九％に関し、政府がどのような計画を立て、あと五年でどのようにリサイクル目標を達成させるのかはわかっていない。たとえ、奇跡的にすべてのプラスチックがリサイクル可能となるとしても、「一〇〇％リサイクル」という大それた目標を達成するには、今ある工場二つ分に相当する規模の工場を、五年間、毎月一ヶ所以上確実に建設しつづけなければならない。

また、この廃棄物のリサイクル推進の立役者たちが、リサイクルについて人々を安心させるような発言をしている一方で、いわゆる「リサイクル可能なプラスチックゴミ」を受け入れる新たな土地を探しているのではないかと疑う声も上がっている。[13]そもそも、あきれるようなことだが、基本的な問題が一つ、答えのわからないままになっている。それは、政府がプラスチックゴミの現状を理解しているのかどうかということだ。私たちが出したゴミの行く末の透明性の確保を義務づけることは、避けることのできない最初の一歩であり、すべての議員が取り組むべきことである。私たちは、曖昧さや不明確さによって、長期的な視野を霧で隠され、最も明白な環境の最重要課題から注意をそらされている。そこから抜け出すためには、ゴミの行く末の透明性の確保が必須条件の一つなのである。

緑《グリーン》のバスケットシューズを履いた新たな救世主

押し寄せる津波のようなプラスチックに直面し、新たなタイプの冒険家たちが現れた。海洋クリーナーナビゲーターである。日焼けした顔で、環境保護の信念を掲げ、彼らは海面に浮かぶ現代の巨大な敵、「プラスチックスープ」に挑みはじめた。この新手の探検家たちは、年老いた筋金入りの闘士であれ、創意に富む若きスポーツマンであれ、全員がアイデアに溢れた船を次々とチャーターし、群れを成して出かけていった。そこには多額の資金が注がれていた。私たちの大量消費から生まれたゴミを回収するために、あらゆる技術がつぎ込まれていた。たとえば、プラスチックを捕らえる引き網、波の表面をかすめるゴミ回収用クロス、ろ過吸引ロボットなどである。これらの技術は、局地的にプラスチック廃棄物が誤って流出してしまった場合などには確実に役に立つものだ。しかし、これらの回収作業は、世界的なプラスチック消費を生産段階で減らさなければ、永遠に続く無駄な努力のように思われる。洗面所が水浸しになっているときに急いで雑巾を手にすることは、確かに立派なことに見えるが、それよりも、蛇口を閉める方がより有効な手であることは明らかだ。

そして、忘れてはならないのは、海洋に漂うプラスチックは、世界のプラスチックゴミという氷山の一角であり、それもほんの数%にすぎないということだ。大部分は陸地にあり、ゴミ捨て場や埋め立て地に隠れているのである。

すでにあらゆる水域や地中、食品中に浸透しているマイクロプラスチックを回収するには、これを捕まえられる非常に目の細かい網を発明する必要がある。また、プラスチックのかけらがいったん水中から引き上げられて陸に運ばれたとしても、結局は地上に溜まっているプラスチックゴミを少々増やすことになる。そのゴミは、より細かな微粒子に分解され、環境中に逃げ出して、再び土壌や水中に入り込む危険性があるため、そうならない道を探す必要がある。

したがって、私には、海洋プラスチックゴミの回収は、プラスチックの生産時と使用後の問題が明確にされた上で初めて有効なものになると思えるのである。


冒険家たちによって海から引き上げられたプラスチックが大きな注目を集めたため、今度は別のタイプの活動家がこのプラスチックに飛びついた。マーケティングのプロたちである。彼らはこれを、海で回収されたゴミから作られたジャケット、ソーダやシャンプーのボトルなどの、環境保護《グリーン》を謳う製品を販売する絶好の機会だと考えた。いい換えれば、消費者に、「エコ」のポーズをとりながら未来のゴミを買えるようにする方法を与えるチャンスなのである。このようにして、「海を浄化できる」というバスケットシューズが現れた。というのも、このシューズは、捨てられていた漁網から回収したナイロンの糸で縫われているからというのである！　たしかに、このバスケットシューズ一足にはリサイクルされた糸が一三グラム使われているが、残りの合成樹脂部分はすべてプラスチックのバージン材なのである。こうして作られた最新のバスケットシューズでは、一足に海で回収されたプラスチックボトル一一本分が使用されている。同様の例として、水着、ヨガ用Tシャツ、レガード（スポーツ用のすね当て）などがある。海から救い上げたプラスチック製品を買うことは、今や善行といわれるものになっていて、責任感のある消費者は、ひとたび納得すると、それを買うために財布を取り出すのである。ブランドイメージを打ち出すイベントで、このような数量限定スニーカーが発表されると、ファッション愛好者たちはこのご立派なスニーカーを奪い合うように買っていく。このまま行けば、いつの日か、スターたちが「責任感」を主張する晴れ着をまとってレッドカーペットの上を歩いているかもしれない。きっとその服は、クジラの胃で見つかったポリマーを使って織られていることだろう。つまり、今や、ゴミには大金と大勢の人々を動かす価値があり、ファッションブランドの非常に効果的な宣伝手段となっているのである。そして、それによって、私たちは押し寄せるプラスチックゴミに対する不安を和らげ、一方では日々大量のプラスチックゴミを出しつづけている。というのも、たとえ海から回収したプラスチック由来の製品が、プラスチック汚染の規模の拡大に対する私たちの意識の目覚めを示していても、残念ながら、プラスチックの消費は減らないからである。それどころか、消費者は正しいことをしていると思って安心し、そうした製品を買いつづけるのである。

人を欺く専門用語

近年、気候変動がもっぱら私たちの議論や関心を独占し、生活様式の変化を動機づけるものとなってきた。しかし、意外なことに、この本来は有益な意識の目覚めによって、プラスチックが及ぼす被害がどちらかといえば覆い隠されているように思われる。

たとえば、プラスチックの害のなさを称えるならば、プラスチックのカーボンフットプリントの数値が低い点である。実際、プラスチックは——バージン材でもリサイクルされたものでも——金属やガラス、段ボールといった他のほとんどの素材と比べ、CO_2排出量が少ない。というのも、プラスチックを構成する石油由来の炭素は、ポリマー鎖中に閉じ込められているからである。燃やさない限り、プラスチックの放出するCO_2は製造時に使われるエネルギー由来のものだけである。次に、プラスチックは軽いため、運搬時のエネルギー、つまりCO_2排出量をかなり抑えることができる。しかし、忘れてはならないのは、長い時間が経ったあと、このプラスチックが徐々に崩壊し、細片化して、私たちの環境と健康に影響を与えるということである。

この危険はCO_2の排出量では表されないが、今日、明白なものとして迫っている。私たちは、プラスチックが細片化して、すでに水、空気、食品の質を危うくしているのを目の当たりにしている。だが、その影響は複雑な過程を経て徐々に出てくるものであり、未来、それも、ときには遠い未来のこととなるため、どの程度のものになるのか推定するのはまだ難しい。この危険性は、カーボンバランスの数値をよりどころとして「プラスチックバッシング」の雰囲気を嘆く、「環境への感受性」に苦しまない人々によって、組織的に忘れられている。

別の例として、スポーツブランドが発表したスマートフォン向けのアプリケーションが挙げられる。落ち着いたデザインのそのアプリを使うと、縄底の布の靴《エスパドリーユ》とバスケットシューズの環境に対する影響の比較ができ、その診断結果が明確に示される。画面に小さな字が現れて、その数字が、ポリプロピレンのバスケットシューズの方が、綿の布地のエスパドリーユよりも環境を汚染しないと教えてくるのである。このアプリでは、私たちの日用品の製造に使用される水やエネルギー、化学物質の消費量やCO_2排出量が比較されている。つまり、使用後のゴミが細かい粒子の形で環境中に残留することの影響は考慮されてはいない。合成素材のランニングシューズが何世代にもわたって残留し、細片化し、環境を汚染していく一方で、エスパドリーユの織物の繊維が数ヶ月で自然に還ることは、このアプリでは無視されているのである。

通常、私たちが環境保護の主張の論拠とするのに使用する、環境への影響を表す数値には、ことプラスチックに関しては大きな「穴」があり、プラスチックが環境に及ぼす影響を忘れさせる恐れがある。

ある夏の朝、私はある日刊紙の「意見」のページを読んでいて、パンを喉に詰まらせそうになった。というのも、持続可能な開発の手助けをするあるコンサルティング会社が、プラスチックゴミの問題の解決には、「カーボンニュートラル」を目指す企業があるように、単に「プラスチックニュートラル」を目指せばよいと主張していたのだ。企業が新しいプラスチックを使いつづける権利を持つためには、リサイクルに資金を提供すればよいというのである。木々を植えれば光合成でCO_2が使われるため、排出されたCO_2と相殺されるというカーボンニュートラルの理論のように、片方の手でプラスチックを再利用すれば、もう片方の手でプラスチックゴミを作り出してもかまわない、というようなものである。この考えはすでに実践されており、あるシリアルバーのメーカーが、東南アジアの浜辺のプラスチックゴミの回収活動に資金を提供することで、「プラスチックニュートラル」を主張しようとする動きがある。大量のプラスチック回収とリサイクルを保証することで、農産物加工会社の「プラスチックフットプリント（プラスチック使用量）」と相殺されるというのである。しかし、この計算の結果はゼロとはほど遠いものだ。というのも、現在まで、リサイクルでプラスチックが消えたことは一度もなく、リサイクルされたプラスチックはバージン材の代わりにはならないからだ。もしそれが可能なら、シリアルバーの包装の小袋は、間違いなく同じ素材をリサイクルしたプラスチックで作られているはずだ。つまり、どう考えても「プラスチックニュートラル」とは、人を欺く専門用語なのである。

企業コンサルタントという若い兵士たち

私はプラスチックをめぐる騒ぎを警戒しながら見つめているが、この私のいる場所は、複数の分野や世界の合流地点にあるため、興味深いものである。航海にたとえてみれば、左舷に研究の世界、右舷に産業界、真正面に保健当局を見ながら進み、遠くの沖合に政治家やＮＧＯ、ジャーナリストの世界を望むようなものである。そして、しばらく前からは、非常に活発な人々による新たな組織が視野に入ってきている。それは、コンサルティング会社である。

これらの小さな企業は、ほとんどが大学卒の熱意溢れる若者たちによって立ち上げられたもので、彼らは企業が直面するプラスチック問題の解決を助ける仲介役になりたいと大企業に申し出る。数年前には、彼らはまだ熱々のピザのための完璧な包装や、新商品のソーダのガスが抜けるのを防ぐ奇跡の素材を見つける手助けをするに甘んじていた。しかし、二〇一六年あたりから、大企業が別種の仕事を託すために彼らの戸を叩きはじめたのだ。というのも、プラスチックゴミの問題が、ＣＡＣ40（ユーロネクスト・パリに上場されている株式銘柄のうち、時価総額上位四〇銘柄を選出して構成される、時価総額加重平均型株価指数）構成銘柄などの大企業を含む、全企業の関心事となっていたからである。私のメールボックスや留守番電話には、コンサルタント会社の若く勇敢な兵士たちから助言を求める声が次々と舞い込んできた。その内容は次のようなものだった。「私どもの顧客のある大企業が、環境に配慮した新しいプラスチックトレーを探しています。この件について、会ってお話しさせていただけないでしょうか？　もちろんご都合のよろしいときにそちらにお伺いいたします」、「当社では、海洋を救う企業家クラブに属する顧客のために専門家会議を開催する予定です。この会議にぜひご参加をお願いしたいのですが、ご承諾いただけるでしょうか。交通費等の必要経費はすべてこちらで負担させていただきます」、「当社はある大企業のために〈プラスチック包装材の再発明〉というコンテストを開催する予定です。このコンテストで優勝した若者たちをサポートしていただけないでしょうか？」

最も新しい依頼は一人の若者からメールで送られてきたもので、ポリエチレンとアルミニウムの混在する素材の処理方法を研究するため、会って話したいというものだった。それは食品包装用の多層構造のテトラブリック容器（牛乳などを入れる直方体の紙製包装容器）に使用されている素材で、使用後にリサイクルされることになっているが、実際にはその処理方法は誰にもわかっていなかった。そういった状況のなか、「この業務を請け負う部門は包装業界から補助を受けているが、解決の糸口はほとんど見えていない上に、期日はもう迫っている」というのである。

　このメッセージは、循環型社会を目指す競争における包装業界の現在の位置を示している。飲料水用ＰＥＴボトルと、一部の高密度ポリエチレン（ＰＥＨＤ）を除き、今の包装業界には自らの製造した包装材のゴミを再利用する力はないし、ましてや二〇二五年に一〇〇％リサイクルさせることなど不可能だ。そのため、企業は若くて勇敢な兵士たちを偵察に送り出し、あまり費用をかけずに解決策を見つけ出そうとしているのである。この若者の要請に私は心を動かされた。こうした若者たちが状況を変える手助けをしたいと心から思い、意欲が湧いてきた。将来を担う彼らに対し、私が役に立つのならと、教育者としての気持ちが動かされたのである。また、プラスチックゴミの処理の問題に苦しむ大企業は、解決策を見出そうとして、工場やノウハウ、全工程に資金を注いでいた。だが、私にはこの若い兵士たちの力はその野心に届かないこともわかっていた。彼らには、環境に配慮した確実な戦略に興味を持つ時間も資金もなく、結局は間に合わせの表面的なアイデアで妥協してしまうのである。私は警戒心を強めながらもできる限り彼らの話に耳を傾けたが、グリーンウォッシング、つまり「表面上あたかも環境に配慮しているかのように見せかけること」に話が進むにつれ、次第に愛想が尽きていった。

バイオのロゴが溢れるジャングル

プラスチックゴミの行く末に関する不安が大きくなるのに比例して、「環境を保護する《エコな》」プラスチックの立案者やコミュニケーションサービスは次第に創意に溢れたものになっていった。もしも「環境に配慮した《グリーン》」プラスチックジャングルに入り込んだら、道中で目にする最も豊富に存在するプラスチックの種類は「生物由来の資源を原料にした」ものだろう。だが、これは生分解性素材ではない。ただ、炭化水素に由来するのではなく、トウモロコシやサトウキビといった再生可能な資源を原料とするものだ。そのため、過去に襲ってきた石油不足の不安という波にのまれずに済むのである。また、不安を煽る黒いべとべとした原油のイメージもないため、もちろん、マーケティングでのイメージもよい。その結果、植物由来のボトルや環境への配慮を謳うプラスチック製品は、あらゆるスーパーで取り扱われ、その数も増えていった。これが、石油由来のプラスチックと同じ性能を持つ「バイオＰＥ」や「バイオＰＥＴ」である。

しかし、第三章でお話ししたように、これらのバイオプラスチックには、二つの大きな欠点がある。一つ目は、この素材を使っても、ゴミに関連する環境問題は何も解決しないということである。たとえば、サトウキビ由来のポリエチレン袋は、石油由来のポリエチレン袋と同じ分子構造をとるため、無機化されるには、同じように何世紀もかかる。そして今までの石油由来のポリエチレン袋と同様に、ほとんどリサイクルされず、カメや海鳥を窒息させるのは間違いないのだ。二つ目は、人口が一〇〇億人となった二〇五〇年の世界において、食料の確保が十分できているかを考えると、ゴミ袋を作るために食料を使うことは道理にかなっていないということだ。つまり食料を使うプラスチックの生産によって、石油不足の危機が食料不足の危機へと変わる恐れがあるということである。

環境《グリーン》に配慮したプラスチックのジャングルで出会うもう一つのプラスチックは、私の大好きな生分解性プラスチックである。これには、生物由来のものと石油由来のもの、そして、リサイクル可能なものがある。真の生分解性物質は、自然環境下に数ヶ月置けば完全に分解されるもので、ジャガイモの皮やおがくずと同様に無害なのである。

生分解性プラスチックは裏庭の堆肥中でその生涯を終えることができ、そこで数ヶ月間（堆肥の状態が悪かったり、家が北極付近に位置していたら数年間）で分解されて、肥料として生まれ変わることになる。

生分解性の食器や歯ブラシはメタン化工場に運ばれて、ガス、つまりエネルギーに変えられることもある。フランスの市営バスの多くはゴミから作られた燃料で走っている。

生分解性プラスチックは、たとえ埋め立て地に埋められても、問題なく分解され、自然の物質循環の環《わ》に加わることができる。よって、生分解性プラスチックとは、本質的に、自然環境下に置かれてもいつか細かい粒子となって害をなす危険性がなく、プラスチック汚染の問題に対する現実的かつ具体的な解決策を与えてくれる素材なのである。

しかし、「エコ」という呼び名の乱用が、生分解性プラスチックの世界に疑念の種をまくことになる。欧州連合が「生分解性」という言葉の定義を力技でゆがめ、ここに他のカテゴリーのプラスチックであるポリ乳酸（ＰＬＡ）を入れてしまったからである。このＰＬＡは、六〇℃以上の温度下でなければ生分解性を示さない。これでは、ＰＬＡを自然環境下で分解させたければ地球温暖化を真剣に促す必要があるというようなものだ。ＰＬＡを家庭の堆肥中や自然環境下に捨てた場合には、石油由来のプラスチックと同様、分解しないのである。

ＰＬＡには適切な処理方法があるが、そのためには他のプラスチックとは分けて収集し、産業堆肥化装置で特別に処理する必要がある。ところが、フランスでもそうだが、欧州でこの収集システムはまだ確立されていないのである。人々の間に困惑が広がり、善行を心がける多くの消費者がＰＬＡの包装材をリサイクル用のゴミ箱に捨てたが、リサイクル業者はこれに困って抗議の声を上げた。というのも、ＰＬＡでできたものがＰＥＴボトルのリサイクルラインに入った場合には、高温になるとＰＬＡがすぐに溶けはじめ、工業的な除染工程全体を妨害するからである。

したがって、製品に表示された「OK Compost（堆肥化可能）」というロゴは、「このロゴのあるプラスチックの袋やコップが実際に消えるには、現在は存在していない特にそのための収集システムや工場が必要となる」という意味を持ってしまった。この中途半端な状態から抜け出すために、自然環境下での生分解性のあるものには、その製品のゴミが自然環境で完全に消えることを示す「OK Home Compost（家庭での堆肥化可能）」という新しいラベルを作る必要が生じたのである。

このくだりを読んでいて、読者の皆さんもきっと頭を悩ませていることだろう。テイクアウトの食べ物についてくるスプーンやナイフ、フォークやカップのほか、ＰＬＡは最近では繊維製造に広く使われ、「より環境に配慮した《グリーン》」３Ｄプリンターにも使われている。ＰＬＡであることが確実にわかるようにするためには、三つの矢印でできた三角形のメビウスの輪の真ん中に「７（その他を示す）」と表示されたプラスチックリサイクルのシンボルマークの使用をやめる必要がある。

最近、マスコミがＰＬＡの生分解性の疑わしさに関して「生分解性プラスチックは生分解しない」というタイトルで報道し、生分解性プラスチック全体の信用を傷つけた。それと同時に、使い捨て用途とされる生分解性プラスチックは、リサイクルとは反対の行為を促すものとして非難を浴びた。この動きは、石油由来の残留するプラスチックのメーカーにとって好都合なものだった。彼らは天を仰いで神に祈った。「生分解性プラスチックを望まれても、結局は生分解されないのです。それならば、生分解性プラスチックを捨てる代わりに、真のリサイクル可能なプラスチックを私たちに作らせてください！」

この生分解性プラスチックをめぐる騒ぎの根底にある原因ははっきりしていない。先見の明のなさ、無知、そして圧力などである。数年前、欧州の決定機関はこれらに駆り立てられて、自然環境下で堆肥化可能なプラスチックと区別せずに、産業条件下でなければ堆肥化しないプラスチックを「生分解性」という言葉のなかに含めてしまったのである。

生分解性プラスチックは、その後、疑惑の渦に引きずり込まれたが、このことで、すぐに、「生分解性」と「リサイクル可能」の違いが広く理解されるというよい結果も生じた。だが、紙や段ボール同様、もちろん、生分解性プラスチックをリサイクルするのもよいことである。

プラスチック加工された心

産業界に理想的なプラスチックを提案するために、私が懸命に働きはじめてから三〇年が経つ。理想的なプラスチックとは、無害な資源を使い、石油由来のプラスチックと同等の性能を持ち、環境中で自然に分解するものである。私はチームとともに、ついに、技術面かつ性能面で許容できるものを発見した。ゴミを餌として育つ微生物によって作り出される、「ポリヒドロキシアルカン酸（ＰＨＡ）コンポジット」というプラスチックである。あとはこの素材が世の中に受け入れられるようにするだけである。なんといっても、農業廃棄物から作られた容器が生まれたのだから！　外観は普通のヨーグルトのカップやハンバーグを入れる使い捨て容器とほとんど変わらない。けれども、この素材はこの先五〇〇年もの間、環境に害を及ぼすことはない。生物由来でありながら原料に食料を使わず、ダウングレードリサイクルが可能で、何より自然環境下で生分解できるという、非常に稀少な素材なのである。とうとうここまでたどり着き、私たちは大いに満足していた。

しかし、この条件を満たす素材はすでに他にも存在している。木、紙、段ボール、布などである。けれども、このなかのいずれも、石油由来のプラスチックによく似た私たちのＰＨＡの容器のように、滑らかで均質な外観を呈していない。このPHAの容器を作り上げた当時、私は、果物と生野菜の包装用の環境に優しい新素材を開発する欧州の研究グループの統括を行っていた。リンゴやネギ、カリフラワーなどを運ぶ袋や容器の素材を変えることがその目的である。だが、そのグループの会議で、現代の人々の考え方を明らかにするような、ある見過ごせない出来事が起こった。私たちがＰＨＡコンポジット製の容器について発表すると、他の研究者たちが市場調査の結果を根拠とし、「消費者は果物が見えるよう透明な包装材を求めている」と断言したのである。これを聞いて、メンバーたちは皆落胆し、あきらめの雰囲気が広がった。だが、こんなことであきらめてはいけない。私は奮起を促した。市場調査から押しつけられたものを気にしてはいけない。プラスチックの袋がスーパーで禁止されてから、果物と野菜売り場では紙袋が使われているが、それが不透明だと文句をいう人はどこにもいない。目的は、洋ナシやカブを運ぶことであって、何が何でもプラスチックの真似をすることではない。もし私たちが消費者の要望に応える製品を提案すれば、彼らは必ず私たちについてきてくれるだろう。私たちはポリエチレン袋の特性を真似するよう誰かから強要されているわけではないのである。私はそういってメンバーを説得した。だが、このとき、私は、まるで自分たちの考え方が「プラスチック加工されている」かのような気持ちになった。私たちは自らプラスチックの需要を作り出し、それが必要不可欠だと思い込むようになってしまったのだ。もちろん、プラスチックは素晴らしい特性を持っているし、特定の用途においてはなくてはならない存在だ。しかし、私たちが何よりも素晴らしいと思っていたのは、プラスチックがすぐに手に入り、安価で一見無害であるという点だ。だが、その危険性に気づいた今、私たちは「何でもプラスチックがよい」といった色眼鏡で見ることをやめ、自己改革をしていかなければならないはずだ。

プラスチックの問題に対する策として、害のない奇跡のプラスチックの登場を待つ間、私たちにもすぐに始められる簡単なことがある。

一　今、手に入れようとしている（プラスチックの）もののことをいったん忘れ、それに期待する役割、いい換えれば、実際にその品物があなたにもたらす機能に集中してほしい。ここでの鍵は機能だけを考えることである。なぜその素材を、その品物を必要とするのか？　一瞬立ち止まって、それを使っているところを想像してほしい。もしかしたら、それがなくても済むのではないだろうか？　もしそうなら、それを手に入れるのはやめよう。そうすれば、未来のゴミが一つ減ることになる！　だがどうしても必要ならば、次の項目を見てほしい。そして、このことを毎回自問自答してほしい。考えれば、とろうとしていた行動が簡単に変わることがあるのだから。

二　ゴミとなったときのことを考えること。つまり、ゴミとなったときに、長期的に無害であることがはっきりしている素材や品物を選ぶことが重要である。そのようなものとしては、自然環境下で生分解性を示すものや、ガラス、金属、天然繊維でできたもの、またはこうした素材を組み合わせて作られたものなどがある。

三　そして、今、手にしているものがどのような資源を用いているのかを考えること。その品物が食料生産に必要とされる資源を奪っていないことがはっきり明示されていない限り、生物由来のプラスチック製品はきっぱり退けてほしい。

四　「プラスチックフットプリント」を確認したあとは、その素材または品物のカーボンフットプリントと、その素材のリサイクルの可能性も含め、製造を取り巻く状況を調べること。

耳を貸さない政治家

人類は滑稽な動物である。自然が、化学者のラヴォワジエのいった「何も失われず、何も作り出されない。ただすべてが変容するだけである」という言葉で表されるのなら、人類は、大量消費社会の「何でも金で買い、何でも溜める。消えるものは何もない」という言葉で表されるだろう。私たちは、一方で消費のために地球の資源を使いつくし、もう一方ではその消費で生まれたゴミを山のように積み上げて、地球を不安定な状態に陥れている。そしてこの耐えがたいプロセスは長期にわたって続いていく。

自然界のすべての生物には命の循環がある。人間でも動物でも、樹木や草花でもそうだ。人間は近代化や都市化を進めていくうちに、自然の循環の実態から少しずつ孤立してきたようだ。受け入れがたい老いや死を伴う自らの循環にも無関心になっているように思われる。

だが、自らの行動に伴う避けられない結果と、子孫に代々残すことになるゴミに直面し、私たちは循環の概念を取り戻した。蓄積されるゴミの問題を解消するため、富と雇用の創出を継続しながら、再び循環を生み出すことを決意したのだ。そうしたリサイクルによる生産モデルを基礎として、私たちは循環する経済を思い描いた。そこではプラスチックゴミは、生産と消費の新たなサイクルの原料となるために、もはやゴミではなくなって、名誉を取り戻すのである。技術の進歩というものは、常に当然の帰結として問題を生み出していき、人類はその問題の解決に力を尽くす。「あせる必要はない」。私はよくこういわれる。「人類は、いつかは技術的な解決策を見つけるはずだから」と。「プラスチックゴミを取り除くために必要なものを発明するから」と。

人類を救う発明を待ちながら、私たちは自らの進歩の成果の一部に疑問を呈するようになり、使い捨てプラスチック製品の使用をあきらめた。欧州連合では、長持ちせず、ゴミ箱や自然界にすぐに放り出されることになるプラスチックの、「一回または短期間」の利用を禁止する行動指針が策定された[14]。それにより、私たちはそれまでプラスチックのおかげで可能になっていた「ほんの少し」の時間の節約を放棄することになった。というのは、サンドイッチの包装材、耳掃除に使う綿棒、ピクニックで使う皿やフォークやコップ、汚れた指を拭くウェットティッシュなどに使い捨てプラスチックを使うことが禁止されたからである。ただし、人類の誇る高速鉄道や、行政施設、文化施設で使われているプラスチックについては触れられていない。しかし、細かいことが三七ページにわたってややこしく書かれたこの指令には、秘密の逃げ道が作られていた。袋、皿、コップなどをもっと厚く作れば「再使用可能」とみなされ、「使い捨て」の区分には当てはまらないとしているのである。つまり、これは、こうした品々がほとんど、もしくはまったく再使用されなくてもそんなことはどうでもよく、結局、捨てるまでの時間が長くなれば、求める用途のために必要となるプラスチックの量が多くなってもどうでもいいといっているのである。

プラスチックに関する政府の活動を透明化しようという傾向は完全に変わってしまった。欧州連合に続いてフランスも「リサイクル」に全力を尽くすことを決定したが、そこには歪曲された情報が溢れていた。私が書いた何百もの科学研究論文はまったく無力に思われた。私はグアドループのバナナ農園の問題に直面した際に、でんぷんのトレーが何の解決にもならなかったときと同じ無力感を覚えた。だが、三〇年間この研究に全力を注いできた私には、このプラスチック界の血迷った状況に対して、沈黙による抗議に甘んじることはできなかった。

そのような理由で、この少し前の二〇一七年から私は産業界や科学者たちの目を覚まさせるため、積極的に行動を開始していた。会議やシンポジウムの場だけでなく、オフィスの休憩所でも大いに働きかけた。また、一般の人々に対しては、リサイクルの限界を説明するために、「The Conversation（会話）」というメディアサイトに記事を書いた。

自分のメッセージをできる限り具体的にわかりやすく放送してもらうため、私はラジオ局のフランス・キュルチュールからテレビニュースのキャッシュ・アンヴェスティガスィオンの番組フロアまで、パリのメディアの編集の現場にくまなく足を運んだ。そのメッセージとは、「プラスチックのリサイクルは解決策ではない。リサイクルは、蛇口から流れる水で水浸しになっている床を目の前にして、蛇口を閉めることを考えずに、吸水性の悪い雑巾でそれを食い止めようとするようなものだ。プラスチックの消費を生産段階で減らさなければどうしようもないのだ」というものである。科学者というのは物事の複雑さを理解して制御するのが好きな反面、いいたいことを簡単に伝えるのは苦手だ。そのため私は、メディアの編集部の力を借りてこれを伝えたのである。

プラスチック汚染に関する討論に参加するようになってから、私は最初に気候変動を説明しようとした研究者たちに心からの同情を覚えた。何年もの間、彼らがいくら説明しても誰も耳を傾けず、返ってくるのは無関心と不快感だけだったのだ。普通は、前の世代の人々が獲得し、私たちに与えてくれたこの快適な生活の一部を手放したいと思う人などいないからである。

しかし、今こそ、私たちは物質主義的な発想から離れ、一歩引いたところから長期的な視点で考えて、真に豊かな生活の基礎を築かなければならないのである。プラスチックの歴史を振り返ると、私たちはより安く、成形しやすく、より便利なものを作る方法にばかり関心を寄せ、その後のことについて考えることはなかった。プラスチックが私たちの生活に溢れたあと、その後どうなって、次の世代にどのような影響を与えるかなどということは一切考えてこなかったのである。だが、今や、私たちは、最も重要で不可侵とされている経済力よりも、予防原則と自分たちの真の幸福に重きを置くべきときに来ているのである。

真に理想的なプラスチックが発明されるのを待つ間に、私たちにできることもある。現代の消費生活を検討し、プラスチックの正当な価値を理解することだ。プラスチックは現在非常に安価で広く普及し、どこでも手に入るため、価値がないもののように見えている。だが、プラスチックのない生活を学べば、私たちの消費パターンにおけるその価値を再評価できるようになるはずだ。

少しずつではあるが、世の中はプラスチックの危険性に耳を傾けはじめている。健康被害に関する警告は、この問題に対する意識の向上につながっている。近年では、気候変動対策の強化を求めるデモや「ゴミゼロ」運動に参加する人たちも多く見られるようになってきた。特に若者がこうした運動に参加していることには明るい希望の光が見える。若者たちは人々の現在の行動が自分たちの将来の生活環境を危険にさらしていると伝えるために行動を起こしている。その姿は、私に大きな安心を与えてくれる。二〇一八年からは、持ち帰り用の食品にデポジット制の包装材を使ったり、包装材を使わないばら売りをする店の出店が増加している。二〇一九年の春には、プラスチック問題への関心が爆発的な盛り上がりを見せ、ラジオでは特番の日が設けられ、テレビでは特別番組が放映され、新聞は全ページでこの問題を扱った。いたるところでプラスチックゴミ問題に光が当てられ、「私たちの消費にブレーキを」というメッセージが広く認識されはじめたのである。たとえ、ときには議論を呼ぶような情報が溢れるようなことがあっても、私はこの状況を嬉しく思う。ついに、一般の大勢の人々が、自分たちのプラスチックの大量消費と、そのために将来訪れる危険に気づいたのである。

それに対して、為政者たちはまだ耳をふさいでいる。彼らのなかで、総力を挙げてプラスチックによる被害から私たちを守ろうとする方向へと財界人を導こうとする者はほとんどいない。しかし、今こそ、地球温暖化対策のための「気候変動に関する政府間パネル」（ＩＰＣＣ）のような、プラスチック汚染の影響に関する国際的な専門家組織を設置するべきときではないだろうか。エネルギーの場合と同様に、プラスチックに関しても、企業が一定の基本原則を順守する義務を負うことで、環境負荷の低減を保証することができる。だが、今のところ、プラスチックの真の環境コストを考えて、プラスチックのバージン材に課税するという勇気を持った者はまだいない。また、プラスチック消費の削減を促す広報キャンペーンを積極的に支持する者もいない。しかし、多くの市民は現在耳を傾けるようになっており、プラスチックを必要とする気持ちと、それに反して芽生えた警戒心との間で、葛藤を感じているのである。

第7章 個々の動きを見てみよう

プラスチックについて考えるようになった今、私たちは住む場所や職業にかかわらず、プラスチックがもたらす快適な生活を享受したいという気持ちと、プラスチックへの依存や危険性に対する意識との間で常に思い悩むようになっている。家でも職場でも、あらゆる場面でこの葛藤に苦しんでいる。それでも、この悩みによって、ゆっくりとではあるが確実に、私たちの価値観や生活様式の根本的な部分に変化がもたらされるはずである。まさに起ころうとしているこの変化をよりよく理解するために、ここで何人かの日常を覗いてみよう。今からお話しすることはフィクションだが、登場人物の行動は実在する人々から着想を得たものである。

玄関先で

朝早く、一組の夫婦が家を出て仕事に向かおうとしていた。それぞれが身に着けている靴や服、持っているバッグやパソコン機器などに使われているプラスチック素材は、全部で二、三キログラムになる。二人が乗る車のドアノブはプラスチック製で、シートは合成素材、ハンドルや変速レバーはプラスチックポリマーでできている。二人の家のすべての部屋には、見えないところも含め、様々な形や色のプラスチックが使われている。だが、この夫婦はそのことをあまりわかってはいなかった。

包装材を捨てるときには、二人はしっかりと分別指示に従った。だが、二人ともテイクアウトの食品に目がなかった。そのため、たとえば寿司を楽しんだ夜には、毎回ゴミ箱に七、八個の容器が押し込まれた。日曜日に散歩をすると、二人はときどきそれとまったく同じトレーや小袋が道に転がっているのに気がついた。

もちろん、この二人もプラスチックの問題に不安を感じていた。最近のニュースで聞いたプラスチック汚染の恐ろしさにはぎょっとした。皆が吸い込んでいる空気中にマイクロプラスチックが存在するという研究結果が出たというのである。

数ヶ月前から、二人はプラスチックのもたらす禍《わざわい》と戦う運動や組織に関心を持つようになっていた。妻は「ゴミゼロ」運動に参加し、当然、昼食はガラス容器に入れて職場に持っていくようにしていた。ただし、中身にはちょっと出来合いのものを使うことも必要だった——夕食後、翌日の昼食を準備する余力がいつもあるわけではないからだ。そして、特に、呑気な同僚たちがテイクアウト食品を食べるたびに大量のゴミを出しているのを前にすると、自分の努力が少し無駄なものに思えた。

「個々の人々の行動に意味はあるのかしら？」妻はプラスチック製のカップに入れて売られてい

る美味しそうなスムージーをあきらめながらそう自問した。そんな風に彼女の意志はたびたび揺らぐのだった。それでも、少しだけ誇れることとして、二人はPETボトルの炭酸水を飲むことをやめていた。自分たちが飲む炭酸水を作るために、炭酸水を作る機能のついた少々値の張る家庭用給水器を購入したのである。これで、大量のPETボトルを捨てないで済む。

同時に、二人はこうした負担から解放してくれる新たな技術や新素材の登場をひそかに待ち望んでいた。「エンジニアたちが、プラスチックゴミを減らす方法を何かしら見つけてくれるだろう」。あまり口にはしなかったが、それが二人の本音だった。よい方法が見つかれば、ストレスとなる後ろめたさや、こうしたちょっとした不自由はなくなるはずだと考えていたのである。実際、彼らが感じているこのささやかな不自由は、世界の富裕国に属するこの国の、快適な生活様式に暗い影を落としていた。

一方、夫の方は妻より消極的だった。自分たちがゴミをあまり出さないようにしても、大きな手間がかかるわりに、ほとんど効果はないと思っていたのである。先週の日曜日、彼は親族の集まる昼食会でこういった。「世界中のほとんどの人がプラスチックを乱用しているというのに、なぜプラスチックを使わないという愚かな運動に参加するんですか？」そしてさらにこういった。「もしプラスチックを生活から排除したいというのなら、欧州や世界全体で取り組まなくては何も変わらない。つまり、こういうことは政治家や企業がやることじゃないでしょうか」。これに対し、妻の姉が反論した。「ええ、そうね。でも、私たちが動かない限り、つまり、消費者や有権者が政治家や企業に対策をとるよう要求しない限り、彼らは何もしてくれないでしょう」。しかし、どうやってそれを要求すればいいのだろうか？　ネスレ（Nestlé）の社長の電話番号を調べる？　欧州委員会に問い合わせる？　そう考えているうちに、夫は以前聞いた言葉を思い出した。「消費者市民だけが行動する権利を持っている。というのも、消費者市民は購買力と選挙権を持っているからだ」――この言葉ならプラスチック問題にぴったり当てはまる。こう考えると、自分は無力でないという気持ちが湧いてきた。そうして、彼はその後、日用品へのプラスチックの使用の禁止を促すＮＧＯに寄付を行った。

そんな話をしながら二人は朝食をとって、今、玄関を出てきたのだった。もう七時四五分だ。二人は環境を心配するのをいったん切り上げて、ＰＶＣ製の家の扉をばたんと閉めた。さあ、職場に向かわなければ。今日も仕事が待っている。

職業人生を再検討する

工場内は興奮に包まれていた。昨日の会議中に起こったことについて、製造ラインのいたるところで議論が交わされていたのである。会議の滑り出しは好調で、来るクリスマスに向けて、おもちゃの注文が大量に入っているという知らせから始まった。数年前から「メイド・イン・フランス」の人気が高まっているからだ。しかし、労働組合の代表の一人の女性が発した質問で、会議の雰囲気は一変し、あたりはいら立ちに包まれた。「私たちはプラスチック製のおもちゃを大量に製造していますが、このおもちゃが捨てられたあと、どんな運命をたどるかご存じでしょうか？」参加者が撮影していたこの会議の様子はワッツアップ（WhatsApp）（リアルタイムでメッセージの交換ができる世界最大のスマートフォン向けインスタントメッセンジャーアプリケーション）の労働者のグループの画面に流されていた。社長はネクタイを緩めるとこういった。「いいですか、こんなことで時間を無駄にはできません。この会議は地球を救うためではなく、あなたたちの雇用を維持するためにやっているんですから」

会議が終わり、皆が自分の持ち場に着くと、発言した女性は何人かの同僚から称賛の言葉を浴びた。だが、一方で厳しい指摘も受けた。「君には私たちの労働条件を守るよう頼んでいるんであって、秩序を乱すよう頼んでいるわけじゃないんだよ」。休憩所のコーヒーマシンの前で、彼女は現場責任者から注意を受けた。

彼女は考え込んで、製造ラインの自分の持ち場である、車輪つきのおもちゃを検品する場所に座った。機械的に手を動かしながら、彼女はじっくりと考えた。プラスチックの行く末に関して、市民としてまた職業人としての自分の問題提起を抑え込むべきなのだろうか？　先週も、子どもたちと一緒に、テレビでこの問題に関する耐えがたいルポルタージュを見たばかりだった。画面には、世界のはるか遠くの村に欧州のゴミが散らばっている様子が映し出されていた。押しつぶされた牛乳のボトルが放置されており、それが分解されるまでに数百年かかるという。

彼女は自分の二人の子どもたちのまなざしを思い返して顔を赤らめた。「毎日、未来のゴミを作っていていいの？　ママたちの世代は無責任だよ。このゴミのせいであとでひどい目に遭うのは私たちなんだから！」娘が敵意のこもった眼を向けて、挑発的な口調でこういってきた。そのあと、膝の上に頭をのせていた下の息子がこういった。「ママ、そうならないようにするために、ママはどうするの？」

その翌日には、ラジオで、あるＮＧＯのスポークスマンが欧州プラスチック企業連盟の代表を直接問い質していた。「あなたはゴミの管理に懸念を示さずに、毎年プラスチックゴミを何百万トンも作り出していることに責任を負えるのですか？」これに対して連盟の代表は、リサイクルや生物由来のプラスチック、そして欧州のプラスチック部門で働く何十万人もの雇用に関する統計データを挙げて言い訳をしていた。

こんなことを考えて彼女の心は乱れたが、ワンロットのおもちゃの消防車を検品しているうちに、次第に落ち着きを取り戻していった。プラスチックのおもちゃは、それでもシャンプーのボトルやヨーグルトのカップよりは丈夫だから、すぐにゴミになることはない。また、会社の経営陣は、バイラル動画（ＳＮＳ上やネット、口コミなどで広く拡散される動画）を次々にアップして模範的な「社会的責任」を果たす自社の強い方針を示している。それに、社長はスピーチで「私たちはクリスマスに恵まれない子どもたちのもとへ一万個のおもちゃを届けます」といっていたし、最新の社内誌では、使用済みのおもちゃと浜辺のゴミを回収する組織に資金提供することを広報部が誇らしげに伝えている……。

会社の「持続可能な開発」部では、リサイクルプラスチックを製品に使用することを検討していた。そうすれば、それがたとえ数％であっても、社内のモチベーションを上げることができる。だが、リサイクルに関する厳しい規制によって、その実現は非常に難しいものになっていた。使用済みプラスチックは使われていた間にどんな汚染を受けたかわからないため、子どもが触れるおもちゃにはリスクがあって使えないのである。

彼女はときどき、理想的な状況について考えをめぐらせた。必要なのは、真に持続可能な代替素材を見つけることだ。プラスチックをやめて昔のように様々なものに木材を使えばいいのだろうか？　でも、家庭でプラスチックの代わりに木材を使えるような人はもうどこにもいないだろう。おもちゃの素材に話を戻せば、赤ちゃんがしゃぶっても大丈夫なキリンのおもちゃのように、天然ゴムではどうだろう？　もしくは、新しい生分解性プラスチックでは？　だが、キューブやパズルが一、二年で細かく崩れてしまってはダメだろう……。

また、そう考えつつも、原料をプラスチックから別のものに変更することで、特定の仕事がなくなり、従業員教育のために相当な投資をしたり、設備を改造したりする必要が出てくることは彼女にもわかっていた。会社が輸入玩具との競争で疲弊し、気の抜けない状況にあることも十分認識していた。昨年、資本に投入された資金は、そのような極端な方向転換に充てられるようなものでは絶対にない。「お金が世界を回しているのは間違いないけれど、正しく回しているかはあやしいものだわ」。彼女はそう思ってため息を吐いた。

それでも、状況は深いところで変化しており、彼女にもそれは感じられた。商業学校での採用活動から戻ってきた人事部の同僚からは、そこで悔しい思いをしたという話を聞いていた。「五年前なら、私たちのブースの前には大学卒業見込みの学生が列を作っていたのよ」。同僚はため息を吐いた。「それが今では、誰も寄ってこないのよ。もう打つ手がないわ。高い給料やフレックスタイム制、社用車の支給の話をしても無駄……〈プラスチック〉って言葉を聞くなり、みんな逃げていくんだもの」

この話を聞いて、彼女には、この先の四〇年間、毎日八時間をささげる仕事を選ぼうとする若者たちの気持ちがよくわかった。もし今の知識を持ったまま、職業の選択をやり直せるとしたら、自分もきっとその若者たちと同じようにためらうことだろう。

と、そのとき、工場のベルが鳴り響いた。休憩の時間だ。彼女は休憩所のコーヒーマシンの前で同僚の意見を聞くのはやめて、気分転換に外に買い物に出かけることにした。落ち着いてよく考えなければ、と彼女は心のなかでいった。子どもや孫たちに誇りに思われるような自分でありたい。そう考えていた。

売り場での矛盾

街角の小型スーパーマーケットの荷受場で、若い店長は大きなため息を吐いた。パレットラップで不条理なほどがっちり巻かれたパレットが、あと一つ残っている。昨日届いた有機野菜のあとは、今日到着のチョコレートビスケットをすべて棚に補充しなければならない。このお菓子一つ一つが「鮮度」保持の小袋——もちろん、プラスチック製だ——で包まれて、プラスチック加工された厚紙の箱に入れられ、六箱ずつ透明なフィルムでまとめられている。そして、これを積み上げたパレットの周りには、プラスチックフィルムのパレットラップが惜しげもなく幾重にも分厚く巻かれていた。店長は頭のなかで数えた——それぞれのビスケットに四層も包装材が使われている。特別なものではない、こんな、ただのビスケットに……。

店長はカッターを手に取り、人泣かせのパレットラップを取り除きはじめた。幸いなことに、バックヤードのゴミ箱に押し込まれた膨大な量の段ボールやプラスチックを買い物客が目にすることはない。なぜこれが幸いかというと、前回の「お客様アンケート」で、消費者が包装材やプラスチックの使用をもっと減らすよう望んでいることが、はっきりと示されていたからだ。まったく同意見だった店長は、嬉々として店先に無包装の「ばら売り」のコーナーを設けた。そして、その売り上げが伸び、本部の配送センターからばら売り用の商品見本をもっとたくさん送ってもらえるように、発注数を修正報告したときには胸が躍った。さらに、自店舗のため、独自の仕入れ先も探しはじめた。だが、それは困難の連続だった……。そのことを考えると、思わずパレットラップをはがす手が止まり、店長は髪をかきむしった。最近探していたのは「無意味にプラスチック加工された紙で包装されていない石鹸」だった。最初のうちはなかなか見つからず、数週間探しつづけて、やっとばら売り用の石鹸の見積もりを受け取ることができた。だが、そこに書かれていたのは、プラスチック加工紙で包装された同じ製品よりも二倍も高い金額だったのだ！「あんな金額じゃ、話にならないじゃないか！」無数にも思えるビスケットの包装を引き裂きながら、店長はいら立ちの声を上げた。

もちろん、キューブ状のアレッポ石鹸のようなものを提供することもできる。手作りでむらのある素朴で上品な高級石鹸だ。しかし、それはこの店のある界隈や買い物に来る家庭には合わない商品だ。望んでいるのは、どんな人でも買い求めやすい商品なのである。「これじゃあつまり、プラスチックを使わないという贅沢ができるのは金持ちだけで、貧乏人はプラスチックを使うことによる自責の念から逃れられないということじゃないか」。店長はよくこういって、職業上の葛藤を同僚に打ち明けていた。

だが、とにかく、有機野菜に関しては解決策が見つかった。透明なプラスチックのフィルムに数本ずつ詰め込まれたキュウリは過去のものとなったのだ。プラスチックフィルムは、農薬を使って育てられた隣の売り場の果物や野菜による汚染を避けるのに役立っているように見える。だが、プラスチックフィルムそのものによる食品の汚染、つまりプラスチックから食品へ移行するホルモンの汚染が起こるのは、有機野菜だろうとそうでなかろうと関係がないのではないか？

結局、この厄介な問題も解決することができた。すぐ近くの有機野菜栽培業者から小さなかごに入れたばら売り用の旬の野菜を提供してもらうことにしたのだ。そして、農薬の残留物が空気中を五メートル以上移動しないことを願いつつ、有機栽培品とそうでない青果の売り場を分けることにした。店の「品質管理」にうるさい人たちがこのやり方をよしとするかは定かではなかったが、お客さんたちも自分も満足していた。店長はもう自分のことを、意味のない命令にただ従う人間だとは思わなくなっていた。

環境大臣の迷い

今朝もまた、郵便物のなかに、プラスチックの使用禁止を求める請願書があった。「もう、なんと答えたらいいのかわからないわ」。環境大臣はため息を吐いた。ある日、食堂に置かれた飲料水のPETボトルの廃止を求める何千もの署名が届いたかと思ったら、翌日にはPVC製のドアと窓の使用禁止の提案書が届くのだから……。そして、その翌週には過剰包装反対運動の「プラスチック・アタック」が行われた。その様子を映した映像では、何人もの活動家がスーパーマーケットの出口に待機し、買い物客に向かって、不要な包装材が使われている商品をカートから取り出して、その場で包装材をはがして捨てていくよう促していた。

今日届いた請願書にはこう書かれていた。「スーパーマーケットのレジ袋の使用禁止はすぐに効果が表れました。他の不要なプラスチックを排除するのに、いったい何をぐずぐずしているのでしょうか？」この主張に大臣の心は大きく揺れ動いた。もちろん自分自身エコロジストだし、先頭を切ってポリエチレンのレジ袋をやめ、布の買い物袋を使い出したほどだ。しかし、こうした動きをもっと進めていくためには、ヨーグルトのカップやハムのトレーへのプラスチックの使用を禁止しなければならなくなり、これはメーカーにとっては相当な頭痛の種となる。メーカーはどうやって製品を売っていけばよいというのだろうか？

以前、閣僚会議の席でプラスチック包装材の廃止を提言したことがある。「プラスチック包装材の二〇三〇年の廃止を発表すること、これが、我が国フランスを世界で重要な地位につけるために必要なことです」。彼女は熱心に主張した。しかし、経済産業大臣が殺気立った目をこちらに向けてこういった。「失業率を低下させるため、我々は目下、厳しい苦労を強いられている。それなのに、君はエコロジストを喜ばせるために産業界に制約を課すというのだろうか？　工場閉鎖や雇用削減という事態を招くことを考えてみたのかね？」彼女はため息を吐いた。彼女は漠然と、目的を達成するために、プラスチック包装材の禁止期限を二〇五〇年に延ばして計画書を作ろうかと考えた。しかし、それではあまりにも遠い先の話になり、具体的なものとして人々の政治的関心を引くことはできない。

考えを変えてみようと、彼女は目下の自分のお得意の話題である、「二〇二五年のプラスチックの一〇〇％リサイクルの実現」に関する各種新聞記事の要約に目を通した。これは、欧州当局によって発表された素晴らしいアイデアである。一方でゴミを出し、もう一方でそれを別のものに変える。ゴミを減らし、使用する資源を減らしながら、とにかく新しい品物を販売する。彼女は可能な限りのメディア放送や新聞を利用して、これを粘り強く伝えつづけた。そして「プラスチックがもう決してゴミとならないようにするために」と真言のように繰り返した。

たしかに、産業界は、「すべてをリサイクルすることは難しく、技術的な解決策が見つかっているのは特定のプラスチックに限られる」というが、彼女にはこうした産業界のやり方はよくわかっていた。彼らは期日の延期を交渉するために、いつも問題を誇張するのである。それに今回は、産業界に同情するつもりはなかった。一〇〇％リサイクルという戦いを指揮することに彼女は誇りを持っていた。有権者と将来のためという、非常に具体的で高貴な大義があったのである。

だが、ときどき、疑問を感じることもあった。たとえば、研究者や組織が、プラスチックゴミの大部分はリサイクルできないもので、焼却か埋め立て処理をするしかないと断言するのを聞くと心が揺れた。彼女はこの議論には参加しないようにしていた。プラスチックゴミは人々の深刻な不安の種であり、政治家はこれに対処しなくてはならない。もし、プラスチックのリサイクルが解決策とならないのなら、どうやって人々を安心させればいいのだろうか？　国民にプラスチックの消費を抑えなければいけないと伝える？　そんなことをすれば経済成長の妨げとなるし、高い失業率に苦しむこの時期、耳を貸す人は誰もいないだろう。科学と技術は私たちの幸福のために努力を続けていること、そして、海洋プラスチックゴミの回収は成功に向かっていることを国民に理解してもらう必要がある……。

だが、それを伝えても反応は鈍く、彼女自身、すでにあせっていた。先日、ラジオを聞いていると、あるリスナーが自分を非難する声が聞こえてきた。「大臣は環境保護に反するような決定を承認して、地球の未来を傷つけている」。早朝からこの言葉を聞いて、彼女は胸が締めつけられる思いがした。自分も子どもを持つ母親だ。愛する子どもが住む未来の世界を破壊するようなことに、手を貸すことなどできるわけがない……。

彼女には自分の思うように、自由に動ける余地はなかった。大臣の職に就けば魔法の杖を持ったように何でも思い通りにできるわけではないことを、世間の気難しい人たちに理解してもらわなければ困る。実際、消費の削減を広く人々に促すことなどできない。国民が出費を抑えることは、国民総生産や雇用によくない影響を及ぼすからだ。一〇年程度では結果が出ないような、自然環境とのバランスの回復を目指すことは、いつでも微妙で難しいものだ。そして、国民にプラスチックがもたらす快適さを手放すよう要求すれば、自分は支持を失ってしまう。「国民は私たちをそのために選んだわけじゃないわ」。彼女は罪悪感から解放されるため、しばしば心のなかでそう繰り返した。空気中にマイクロプラスチックがあって、そのうち肺のなかでナノプラスチックが見つかることになるというけれど……。だが、その結果が明らかになるのははるか遠い先のことであるため、不確かで、さらに大げさなことに思われるのだった。

彼女はスケジュール帳に目を落とした。来週、ブリュッセルの円卓会議で共同議長を務めることになっている。議題は生物由来のプラスチックだ。実に興味を引かれるテーマだ、と彼女は思った。農業従事者たちに新たな収入源をもたらしながら、石油を使わないでプラスチックを作り出せるのだろうか。だとしたら、経済にも地球にも利益をもたらす話だ。生物由来の素材は、ゴミ問題の解決にはならないだろう。だが、これは、自分が高く掲げるリサイクルという旗印にぴったり合っている……。リサイクル可能な生物由来プラスチックは、彼女にはほぼ完璧な存在に思われた。

会議の書類を読むと、参加者のなかに欧州プラスチック企業連盟の代表者の名前があった。彼とはフランス国立行政学院（ＥＮＡ）で一緒に学んだ仲で、彼女はこの知的で非常に愉快な男が大好きだった。「彼がプラスチック商品を売っているのは明らかだけど、少なくとも頭が切れてユーモアに溢れた人だわ」。彼女はコートをつかんで昼食に向かいながらそうつぶやいた。

ブリュッセルのガラス張りの高層ビルで

欧州委員会の本部があるガラス張りの食堂で、その若者は千切りニンジンのサラダの皿にじっと目を落とした。同僚たちの冗談にももう笑えない。突然、もうたくさんだという気持ちになってしまったのだ。若者は心のなかでいった。最初の研修に来たときから、自分はこの欧州委員会の職員として誠実に働いてきた。欧州連合の決定事項を人々に伝える職に就き、恵まれた給料と快適な生活条件を与えられてきた。だが、午前中に調査を行った「プラスチック戦略」のことを思い出すと怒りがこみ上げてきた。これほどの憤りを感じたのは生まれて初めてだ。思わず言葉が溢れ出し、彼はカミングアウトしているような気持ちでこういった。「実際、僕がいいたいのは、この〈プラスチック戦略〉が信じられないということなんです」。食堂の同じ列に座った人々が、一斉にこちらを向いた。皆、当惑した目をしている。彼は続けた。「一度しか使用しない使い捨てプラスチックの禁止は、プラスチック問題に苦しむ地球を救うはずです。だけど、僕は気づいたんです。産業界が、この〈使い捨て〉という言葉の定義を歪めていることに！　あなたたちも知っていましたか？」同僚たちは黙ったまま「いいや」と首を横に振った。

彼はフォークを置いて、息を大きく吸うとこういった。「たとえば、プラスチック製のピクニック用のお皿はけっこう厚いので、〈使い捨て〉のものとはみなされないんです。というのも、理論上では、洗浄可能、つまり再使用可能だからです。コップや袋も同じです！　もしプラスチックが厚ければ、また使うことができる、つまり〈使い捨て〉ではないとみなされて、禁止されないんです」。ここまでいうと、今までいぶかしげにこちらをじっと見ていた隣の席の女性がいった。「つまり、すぐに捨てられる品を店から取り除いて、その代わりに、ただ単により厚くしただけの品を置くってことですか？」彼はそうだと頷いた。いたたまれない気持ちだった。「そう、そうなんです！　プラスチックをなくす代わりに、この行動指針ではそれぞれの品物の厚みが増し、つまりゴミの量が増える結果になる可能性が大いにあるということです」

同僚から上がる不審の声を聞きながら、彼はチキンとブロッコリーのランチプレートに手をつけ、物思いにふけりはじめた。このくもりガラスの大きなビルのなかで、今にも息が詰まりそうだった。「公務員である僕たちと社会を主につなげているものは、企業のスポークスマンたちで、彼らの目的は、結局、企業を二年でも三年でも長く存続させることだ」。彼は心のなかで嘆いた。「彼らの仕事を悪く思うことはできない。だが、そんな彼らの影響力が、長期にわたって環境を救うはずの法律を制定する人の役に立つわけがないだろう」

これまでは、距離を置きながら、産業界が政治に与える制約を受け入れてきた。しかし、プラスチックについては受け身ではいられなかった。というのも、彼はダイビングが大好きで、気分転換によく海に潜るのだが、何年か前から、どこの海に行っても、もうプラスチックが存在しない場所を見つけることができなくなっているからだ。前回、ギリシャの海を潜っていて、河口の前に行ったときには、マスクを通して目の前で悪夢が繰り広げられているかのようだった。半透明で厚みのない、ほんのり色のついた数えきれない何百もの粒子が、無秩序に海面に浮かびながら、太陽の光の筋のなかに見える埃のように目の前を漂っていた。それは、群れのように集まって移動していたプラスチックだったのである。消化できないその小さな花びらのような粒子を魚が飲み込むのを見て、彼は恐怖のような動揺を感じたのだった。

彼は、研修のあと一度ベルギーを離れていたが、欧州連合が発表を予定している「プラスチック戦略」のために、今までにないほどの意欲を抱いてここに戻ってきたのだった。実用性に乏しい小物や綿棒、数分しか使われないフォークなどを禁止することで、世の中を席巻する使い捨てプラスチック製品に立ち向かう人たちと一緒に仕事ができることを誇りに思っていた。

使い捨てプラスチックに反対するこの動きを伝えるために、彼は入念に説明資料を準備し、そこに人の心を強く動かすような例や衝撃的な数字を選んで入れ込んだ。だが、本部の発表予定の文章を読んだとき、その細部に視線を落としたまま、長い間固まってしまった。この戦略の展開の肝となる定義に目を疑ったのだ。それを解読したとき、彼の情熱はどこかへ行ってしまった。そこに書かれていたのは、先ほど同僚に告げた、「プラスチックが厚ければ、再使用可能で、つまり〈使い捨て〉ではない」ということだったのだ。彼にはこのからくりがよくわかっていた。一度戦略が定義されると、加盟国はそれを実践し、批判を受けると「ブリュッセルの役人」を盾にするのである。

今朝、彼のいら立ちはそのときよりもさらに募っていた。というのも、欧州委員会が海洋汚染を食い止める目的で調査運営委員会の設立を進めていたのだが、この委員会を指揮するために任命されたのは、国際貿易と地政学の世界に身を置いてきた人物で、環境保護に力を注ぐ人物ではなかったのである。「石油化学産業界全体がいら立っている。というのもこれはこの業界に膨大な資金負担を課すものだからだ」。彼は、デザートのカスタードソースに力なく手をつけながら、心のなかでこう分析した。「だから、業界は自分の味方を戦略的な位置につけるんだ……」

彼は考えをめぐらせた。世論の力で、欧州当局がプラスチックに対する注意喚起のキャンペーンを行わざるを得ないようにできないだろうか？　そう、タバコやアルコールに対するキャンペーンペーンのように……。そのために働くのなら、恵まれた自分の給料が減ったっていい……。そう思いつき、彼は希望に満ちて顔を上げた。

その様子を見て、周りの同僚たちのどよめきが止まった。「どうしたの、急に目をキラキラさせちゃって……。まるで恋でもしたみたいよ」。向かいに座っていた同僚がにっこりしながらそういった。彼は何もいわず、席を離れると、自分のデスクがある一八階へと向かった。そういえば、先週、あるＮＧＯの求人広告が来ていた。あれを詳しく見てみよう。そう考えながら走っていった。

ＮＧＯにおける栄光の代償

「プラスチックのリサイクル活動の支援に資金提供をなさりたいのですか？　メディアの関心を引けるような活動に？　ええ、もちろん、私どもの組織がお力になれます」。二年前にはこんなことを口にするなんて思いもよらなかった――受話器を耳に当てながら、彼女はそう考えていた。電話の相手は、ある企業の基金によって設立された財団で働く人物だった。その企業はＣＡＣ40指数構成銘柄である優良企業で、プラスチック汚染対策への関心を世間に示したがっていた。

環境ＮＧＯの会長というこの地位についたときには、彼女はむしろ、ジャーナリストや政治家に話を聞いてほしいと懇願したり、あらゆる種類の企業経営者と渡り合ったりしながら、むなしく道を説くものだと思っていた。その覚悟はできていた。しかし、突然、プラスチック問題に対する一般の人々の意識が高まったために、目の前に大きな道が開け、まばゆいばかりの世界に足を踏み入れることになったのだった。シンポジウム、円卓会議、企業の特別行事、そして映画のプレミア試写会……。企業やショービジネスは、NGOのスポンサーとなって活動を支援し、環境に配慮したブランドイメージを身につけようとしていた。かつての水泳チャンピオンでNGOの会長である彼女は、まだ若いながらもすでに充実した人脈を持ち、最も信望のある仲介役となっている。

「支援先の候補となりそうなリサイクル活動の書類をこちらで準備いたします。ではまた」。彼女はそういって電話を切った。そして、伸びをすると肘掛けのついたオフィスチェアから立ち上がり、窓の外に目をやった。企業が毎日作っているゴミをなくすための活動に資金提供するのは理にかなっている。彼女はそう思った。ゴミをなくすには、幸いにもリサイクルというものが存在する。そこでこのNGOは「企業はプラスチックの再利用に資金提供する限りは、プラスチックを作り出してよい」ということを新たな信条として掲げていた。

もちろん、彼女はリサイクルの問題点を理解していた。プラスチックのライフサイクルが複雑であること、リサイクルが無限にできるものではないこと、リサイクルは短期間だけの解決方法であること、そして、リサイクルできるのは限られたプラスチックだけであることなど、問題はたくさんある。けれども、これは最初の一歩だ。彼女は心のなかでいった。それに、数年前、コミュニケーション学の教授は、講義で繰り返しこう強調していたではないか。「私たちの役割を果たすには、言葉に含みを持たせてはいけない。それではいいたいことを伝えられなくなってしまう。

聞き手にメッセージをしっかりと届けるためには、いいたいことを簡略化し、肝心なことだけに絞る必要がある」。そうよ、余計なことをいって、話をややこしくしてはいけないわ……。彼女はそうつぶやいて迷いを振り払った。

現在、このNGOの表明する意見は、世論に対して非常に大きな影響力を持つようになっていた。だが同僚も彼女自身も、もはや自分たちの発する「言葉の一つ一つ」が与え得る悪い影響について、しっかりと考えている時間はなかった。特に、毎回、スポンサーである企業やその企業を代表するスターたちの要求を組み込み、メッセージを伝えるメディアの制約を考慮しなければならないため、思い通りにはならない。また、環境保全への貢献を目的とした企業のキャンペーンに、実際どのような効果があるのかを予測するのは難しく、深く考えずに物事を進めてしまいがちになるのも無理はなかった。

もし、道理を突き詰めれば、別の悔いが生じるはずだ。適切なパートナー、つまり、自分たちの利益は二の次にして、「グリーンウォッシュ」で終わる可能性がある活動には首を突っ込まない企業を選ぶには、じっくり時間をかけて見きわめる必要がある。だが、とてもそんな時間はない。それに、このNGOでは、実際のところ経済界とのパートナーシップによる収益が全体のほぼ四分の一を占めている。それに頼っている状況で、相手を選り好みするのは、それこそ筋違いとしかいえないだろう。

彼女はメールボックスを確認した。インタビューの依頼のメールが三通届いたばかりで、どれも緊急とのことだった。ジャーナリストたちが「海洋ゴミの残留期間に光を当てる」討論番組に参加してほしいといってきたのである。彼女の気持ちは、この機会に自分のメッセージを発信できるという満足感と、自分にはそんな番組で発言する資格はないという気持ちとの間で揺れた。というのも、自分はプラスチックの専門家ではなく、それどころかまったくといっていいほど遠い分野の人間で、単に、ＣＣ《コーポレート・コミュニケーション》活動（企業の広報活動や企業広告を中心とした、工場開放、文化的行事、地域社会への貢献、エコロジーへの取り組み）などを学ぶコミュニケーション学部を卒業しただけだったからだ。だが、依頼してきたジャーナリストたちは、自分がＰＥやＰＥＴ、ＰＨＡ、ＰＬＡやその他様々なものについてよくわかっていないことに気づいていないようだった。「それぞれの番組に出る前に、ちゃんと勉強したり専門家に意見を求めたりする必要がある」。彼女は思った。「でも、時間がないわ！　それに、いちいちそういうことに取り組んでいたら、消耗しきってしまう……」

ラジオジャーナリストの心境の変化

円形のラジオ会館で、延々と続く廊下を大急ぎで歩きながら、ラジオジャーナリストは手に持った書類を乱暴にめくっていた。ああ、これだ。ジャーナリストはつぶやいた。探していたページには、日常的に人々――特にＰＥＴボトルの飲料水を飲む人――が経口摂取しているマイクロプラスチックに関する研究のことが書かれていた。まったく、とんでもないことだ……。一八時のラジオニュースで、これを伝えなければならない。だが、問題は、その伝え方だった。編集会議ではディレクターがこういっていた。「リスナーに不安を与えないような角度から伝えてちょうだいね」。いうのは簡単だ。だけど、ある研究によると、我々は毎週クレジットカード一枚分のプラスチックを飲み込んでいるというじゃないか。それなのに、それを陽気に話せだって？　そんなことができるわけがない。だが、たしかに、今日のニュース番組はそれだけでも陰気なものになりそうだった。今月三度目の熱波を伝えたあとに、プラスチックとの戦いについて伝えなければならないのだから……。だから、上の方針として、この問題には解決策があると示すような、軽くて楽観的なアプローチを求めるのは正しいことなのだろう。だが、ディレクターがこの問題をよくわかっていないことは気がかりだ。

そう思いながら、ジャーナリストは「イノベーション　プラスチック　環境」という単語を検索エンジンにかけてみた。まずヒットしたのは「際限なくリサイクル可能なプラスチック」だった。クリックしてみて、彼は眉をひそめた。これは難しそうだ。酵素やモノマーなんてまったく理解できない。専門的すぎる。そういって前の画面に戻り、今度は二番目に表示されたタイトルを見た。「欧州議会における使い捨てプラスチックの禁止」だ。これは制度の話に偏りすぎている。それに、いったい誰が使い捨ての綿棒や食器を気にかけるだろうか。

その次のタイトルは「新しい生分解性プラスチック」だった。概要だけさっと見て、彼は顔を輝かせた。これは悪くない。もしプラスチックが自然環境下で消えてなくなるのなら、これからもプラスチックを好きなだけ使いつづけることができる！　たぶんリスナーと共有できる明るいニュースはこれだ。とにかく、もう一五時だ。テーマの選択に手こずってはいられない。すでにプラスチックの専門家を探すのにかなりの時間をとられている。生分解性プラスチックを研究しているこの研究所の電話番号を早く見つけて、メッセージを残さなくてはいけない。すぐに気づいて連絡をよこしてくれるといいが……。そうだ、念のため、「緊急」というタイトルでメールも送っておこう。それから、この研究所から折り返しの電話がかかってきたら、その専門家の話がちんぷんかんぷんだということのないように、生分解性プラスチックの記事にざっと目を通しておこう。

今回はあまり失敗したくない。彼はそう思った。というのも、昨年、プラスチック関連の別の時事ネタを扱ったときに、自分がある企業に操られたように思ったからだった。あれは、たしか、フルーツジュースの会社がサトウキビをベースにした新機軸のプラスチックボトルの開発を発表した回のことだった。番組開始早々、「さあ、ついに二一世紀のエコなプラスチックの登場です！このオレンジジュースを買えば罪悪感から解放されますよ！」と声高らかに宣伝してしまったのだ。その後、リスナーから「このプラスチックは本当の生分解性プラスチックではないから、プラスチックゴミの問題を少しも解決しない」と説明する、なかば怒りの、なかば皮肉の交ざったメールをいくつも受け取る羽目になったのである。「フェイクニュースにだまされたな」とからかってきたリスナーもいた。自尊心を傷つけられ、彼は数日立ち直れなかった。その後も放送中に情報を訂正することはためらい、ミスの埋め合わせができる機会を待ちながら消極的な姿勢をとってきたのである。

そうしているうちに、インタビューの依頼への返信メールが届いた。女性研究者からの返事だった。「私たちの生分解性ポリマーに関する電話会談、ＯＫです。一六時三〇分ではいかがでしょうか。プラスチックの消費を減らすことが優先ということを説明するために、併せてちょっとしたレクチャーをするという条件でお受けいたします」。彼は不機嫌に手帳に筆を走らせた。科学者というのは、複雑な問題をいったん元に戻して最初から考えるのが好きなのはわかっていたし、そういうこだわりは尊敬できる。だが、この研究者の主張を放送でいうよう押しつけられるのはごめんだ。二五年間、すべてを取り仕切ってきたのは、この自分なのだ！　しかも、彼女はこちらの主張を台無しにする可能性がある。俺は理解できる解決策を前面に押し出したいんだ。インテリ連中を不安がらせる複雑なものの考え方を示すのではなく……。そう思って歯ぎしりした。

だが、時計に目をやると、放送時間は刻々と近づいていた。もう他の研究者を探している時間はない。彼は深呼吸し、自分の興味を引くことしか取り上げないぞと思いながら、会談時間を確認するメールを送信した。

だが、よく考えたあと、彼はこう自問した。ラジオでプラスチックについてそれなりに学術的な内容を放送することは、役に立たないとはいえないかもしれない。というのは、プラスチックの問題はとんでもなく複雑だからである。人々はプラスチックがどう作られ、どんなリスクをもたらし、最終的にどうなっていくのか理解せずに毎日プラスチックを使っている。研究者の見解は、きっとリスナーの役に立つはずだ。彼は頭に浮かんだ考えを逃すまいと手帳に筆を走らせ、猛然と収録室に向かった。もう、プラスチックの専門家との電話会談の時間だ。

研究室での反乱

途方もなく広い会議室には、大きなクルミ材のテーブルが置かれ、大きなガラス窓からは他の高層ビルがよく見える。いつもなら、彼女はこの会社の会議室の広さに臆することはなかった。ここは石油化学業界の産業廃棄物を処理する多国籍企業で、彼女は三〇年間技術者としてこの会社の研究開発部門に勤めてきた。その間、少なくとも年二回はこの会議室に来て、推進したいプロジェクトを守り、必要な予算を組んでもらうよう経営陣を説得してきた。だが今日は緊張していた。こんなことは初めてだった。

彼女は今から石油資源を使わない生分解性プラスチックに関する新技術プログラムを発表することになっていた。このテーマが会社の根本を変えることはないが、プラスチック汚染をメディアが興奮して取り上げている現在、社内でも話題にはなっている。この騒動は、会社の最大の顧客である包装業界や農産物加工業界、また建築および公共事業関連業界に大きな損害を与えており、そのため最近は重役たちも対策を講じるために形式張らない昼食をとることが増えている。

彼女はこの汚染が自分の職場と私生活という二つの社会にとってどのような問題となるのか十分に認識していた。そして、日々の職業生活と個人としての希望を両立させたいと願っていた。周りの多くの人々と同じように、彼女もより健康的で、より地球に配慮した生活様式に魅力を感じていたのである。

緊張していたのは、今日の会議で、公共部門で働く友人の女性研究者とともに立ち上げたプロジェクトを守り抜けるかと、不安を感じていたからである。それは、プラスチック廃棄物の処理方法と、環境に配慮したポリマーによる代替に関する共同作業プログラムだった。友人が三〇年間研究しているテーマである。二人は工業学校で知り合った仲だが、卒業後は別々の道を選んでいた。自分の方は、十分な給与と豊富な研究資金が与えられる企業での就労という現実的な道を選択したのに対し、友人の方は、より自由がきくが、収入も研究資金も平均以下という公的機関での研究の道を歩んでいた。彼女は民間企業を選んだことを後悔したことはなかった。あらゆる面で快適な生活を送れていたからである。

この友人のチームとの交渉で、合意にいたるまでには長い時間がかかった。公的な研究所は透明性のあるアプローチを行うのに対し、民間の研究所は研究を企業秘密として進めていくからである。また、長期的な視点でプラスチック廃棄物のもたらす影響や克服すべき無知に力点を置く者もいるかと思えば、三年間で事業として成り立たせるために計画を策定し、アジアの競合他社が参入する前に市場獲得を狙う者もいる。このような意見の相違からようやく合意にいたり、彼女はこれらの様々な意見を汲み取って、会議で上層部を納得させるための論拠を用意してきたのである。その作業はとても刺激的なものだった。

だが、最も夢中になったのは、作業のあとの友人との話しだった。三〇分ほどのつもりでお茶を飲みはじめたところ、思いがけないほど話が弾み、結局夜まで話し込むことになった。彼女は友人の率直な物言いが大好きだった。紅茶を淹れ替えながら、彼女は友人にいった。「あなたの研究所、状況に対処するための時間を与えられれば生分解性素材の研究に乗り出すってとうとういったそうだけど、石油由来のプラスチックのメーカーも、自分たちには体力も時間もあるっていっているわよ！」それに対し、友人は、他国へのプラスチックゴミの輸出を全面的に禁止すべきだとしきりに主張し、そのためにはプラスチックの供給自体を減らさなければいけないと説いてこういった。「古くなったプラスチック製の屋外用家具を庭に置いておかなくちゃいけないって想像してみて。それだったら、たとえ多少値段が高くて、ときどき家具にオイルを塗るのに少し時間をとられても、木製や金属製の椅子やテーブルの方がいいと思わない？　地球と私たちの健康が脅かされないために、木製や金属製のものの維持に数分割くことくらい、できるわよね？」

友人の「教授っぽさ」に、彼女はときどきいら立ちを感じた。研究機関の指導者や省庁や企業の幹部たちが将来について考えようとしないことを、友人が夢中になって話すときは特にそうだった。「つまり、上の人たちは解決方法を探しはじめる強力なきっかけを待っているのよ。でも、予め問題の本質を理解しておかないで、どうやって解決方法を考えつけるっていうの？　プラスチックのライフサイクルを構築するパズルのピースを組み立てるのには知識が必要で、その習得には時間がかかるんだから。もっと早く、そう、最初に不安に襲われたときに、これについて考える必要があったのよ」

彼女には、自分がこれからしようとしていることが非常に危険なことだとわかっていた。上司はメディアで発言するようなうるさい人物は好まない。一方、友人はメディアで発言するだけでなく、真の意味ではリサイクルといえないリサイクルや、まったくリサイクルにもなっていないリサイクル――これはプラスチックゴミ問題の解決を図るために政府が旗印にしているものだ――に対する反対運動も行っている。どうして友人がこの戦いにあれほどのエネルギーを注ぐことができるのか、彼女には理解しがたかった。だが、お茶を飲んだその夕べ、友人に届いたばかりの二通のメールを見せられて、彼女はそれを理解した。

件名：病院内のプラスチック

こんにちは。

ラジオでのあなたの発言を聞き、その録音も何度も繰り返して聞きました。[……]私は医師で、勤務する病院には、包装材はもちろんのこと、食品容器から医療機器にいたるまで、プラスチックがそこら中にあると感じています。[……]私たちの仕事が人々を病気にしたり、少なくとも地球を破壊する一因となるとわかっていながら、どうしてこの仕事を続けられるのかと自問するようになりました。私には、これほど環境を汚染しながら人々を治療していくのは無意味に感じられるのです。[……]

私は現在三八歳で、子どもも二人いますが、そのような理由から転職を希望しています。[……]新しい仕事に就く方法を見つけなければなりませんが、医療の分野では簡単ではありません。しかし、きっと貴方なら、この分野で新しい職業に就くために受けられる職業訓練をご存じかと思います。[……]

件名：干し草や藁を食べる動物のための可食性ネットの依頼
こんにちは。
私は一九八二年以来、七〇頭の乳牛を飼育し、毎年、一五〇キログラムのプラスチックのネットを使って干し草の丸い束を作っています。きっと貴方も牧草地でご覧になったことがあると思います。［……］
動物たちがその丸い束の藁や干し草を食べるときに、そのまま一緒に食べられるような、消化のよいプラスチックのネットを見つけていただけないでしょうか。
［……］さらに、そうすることで、効率が上がり、毎回約一五分短縮することができます。年間一五〇日の給餌で三七時間半の節約です。いつかそうなることを願っております。
どうぞよろしくお願いいたします。

追伸　現在使用中のネットのサンプルを郵送いたします。新しい素材に必要な機械的強度の参考にしていただければと思います(1)。

メディアの要請に応えるようになってから、友人はこのようなメールを何十通も受け取っていた。そして返信する時間がないことを申し訳なく思いつつも、こうしたメールのおかげで信じられないほどのエネルギーが湧いてくるのだと打ち明けた。
二人は世界を作り直すことに駆り立てられていた。そうだ、もう消費者は行動に出る準備ができている。だが、そのエネルギーは首尾一貫した方向へ導かれる必要がある。二人とも、希望はすべて叶うことがわかっていた。オゾン層に穴をあけたクロロフルオロカーボン（ＣＦＣ）という前例もある。炭素・フッ素・塩素から成る、通称フロンガスと呼ばれるこのガスは、規制され、一九九〇年代には先進国では全廃とされた。アスベストも同様だ。国々が敢然と困難に立ち向かったとき、地球はオゾン層を取り戻し、建物からはアスベストが除かれたのである。

そこから二人が確信したのは、自分たちもまた、長く残りつづけるプラスチックを取り除いていかなければならないということだった。しかし、そのための方向転換には、より強い思いで臨まなければならないだろう。というのも、プラスチックポリマーはすでに何十種類もの素材に取って代わり、現代人の生活のあらゆる面で使われているからだ。そして、アスベストとタバコの危険性は、曝露後一五年から二〇年で癌を引き起こすという、比較的早く確かめ得るものである一方で、プラスチックの害が表れる時間のスケールははるかに大きく、おそらく気候変動の影響が表れる時間のスケールよりも大きいはずである。そして、このことが「脱プラスチック懐疑論者」の「プラスチックは自然のなかに捨てるのではなく、きちんとゴミ箱に捨てれば、もう危険ではない」という主張を後押しするものとなっている。

友人と別れるときには、彼女は友人とすっかり同じ情熱を抱いていた。だが、クルミ材の大きなテーブルの前に立ち、大きな窓の向こうから自分を見つめるような高層ビルと向かい合った瞬間、彼女は急に落ち着きを失い、確信は揺らいでいった。落ち着きを取り戻そうと咳払いを一つすると、彼女は作成してきた資料を用いて、生分解性プラスチックの説明を始めた。資料には、数字や市場調査の結果、そしてプラスチック廃棄物がどれだけ一般大衆に不安を与えているかを示す世論調査の結果が根拠として挙げられていた。だが、話しはじめてほんの数分しか経たないうちに、事業部長に話を遮られた。「もういい。それはまだ試験的な段階で、利益の算出云々どころではなく、製造の工業化すら遠い先のことじゃないか」。そういいながら、事業部長はすでに他の研究者たちの方を向いて、発表を始めるよう促していた。彼女は戦いに負け、友人との共同プロジェクトを延期しなければならなくなった。友人にも、残念だがそのプロジェクトは継続できないと知らせなければならない。彼女は不満を抱いて帰宅した。そして、今朝家を出るときには思ってもいなかったほど、自分の仕事への誇りを失っていた。

そして、夜……

夜になると、全員が家に戻った。夫婦は仕事から帰り、労働組合の代表の女性は子どもたちとピザパーティの支度をし、小型スーパーマーケットの店長は駅に仲間を迎えにいった。誰もが、家に帰ると市民である素顔の自分に戻る。そして、学生寮や老人ホームのルームメイトと夕食をとったり、ドラマを見たり、本を読んだり、子どもを寝かしつけたり、愛犬をなでたりして思い思いに夜を過ごす。

だが、ベッドに入ると、皆、小さな心の傷がうずき出し、魂の平穏が乱される。そして、この傷を癒やすために、明日こそ小さな一歩を踏みだそうと心に誓う。様々に思いをめぐらせたあと、自分の購買力と選挙権がよりよい解決方法の役に立つと考えると、ひとまず安心することができる。心の平安が得られたあとは、皆、この問題に関する市民の集まりに気を配ることを決意して、自分にこう約束しながら眠りにつく。「明日、自分のプラスチック依存を抑制するための対策を講じ、プラスチックの洪水の大本の蛇口を閉めるための行動を開始しよう」

一方、私はというと、「人と生活の真の調和が幸せでないのなら、いったい幸せとは何を指すのだろうか」という、アルベール・カミュの言葉をかみしめて、心を慰めるのだった。

第8章 プラスチックとともに歩む理想の世界

未来は「ポスト石油由来プラスチック」の世界となっているだろう。本章では、そんな未来における一人の市民である私の一日を覗いてみたい。

朝、目が覚めると、私は浴室に駆け込んだ。忙しい一日の始まりだ。シャワーの栓をひねると、私は円盤形の固形シャンプーを泡立てて髪を洗った。そのシャンプーにはゴムの紐がついているので、手を離せば素早くケースに戻る。隣にあるのは、敏感肌用の円盤形の固形石鹸と固形コンディショナーだ。洗面台のすぐ近くには、固形の歯磨き粉が壁に固定されているが、これも簡単に取り外すことができる。私はこうした品々が普及する前のことを思い出してみた。当時も確かにドーナツのような形をした固形シャンプーや、小さな棒状の歯磨き粉はあった。だが、それらはエコなボボズ相手の店でしか見かけることはなく、非常に高価な上、使い勝手や使い心地がよいとはお世辞にもいえないものだった。だが、プラスチック包装材がもう売れないとわかってからというもの、メーカーはそれまでとは打って変わって、簡単なクラフト紙で包装された魅力的で使い勝手のよい固形の石鹸やシャンプー、クリーム、デオドラント剤を生み出していったのである。私たちのバスルームは洗練され、もうプラスチック製のボトルやカップ、チューブ、スプレーなどが棚に山積みになることはなくなった。そして、ブラシに関しては、今や、私の家でもどの家庭でも、歯ブラシ、ヘアブラシ、靴ブラシのすべてに、柄は木製でブラシの部分は毛（イノシシの毛）のものが使われている。

実際、人類が自分たちの――特にプラスチックの――破滅的な消費と戦う方向に舵を切ったのは、二〇二〇年代初めの長い外出制限の時期のことだった。私たちはすでにその何年か前から、相反する方向に強く促される社会のなかで苦しんでいた。一方ではグローバル経済によって大量消費がよしとされ、もう一方では、この大量消費が私たちの健康と環境にもたらす悲劇的な結末への警鐘が鳴らされていたからだ。

二〇二〇年の初め、新型コロナウイルスの世界的流行に苦しむ人類は、科学を信じ、その力に救いを求めた。それによって、次々と情報を発信するニュースには、科学者の複雑さや不確実性から目を背けない考え方がにわかに取り入れられたが、それらはすぐに政治家たちによって新たな筋の通らない命令に変えられてしまった。次第にエスカレートする矛盾にもはや耐えられなくなったとき、私たちは時間的にも空間的にも遠い先を見据えるために、ともに日々の活力を取り戻し、これらの情報をどう使うかを学ぶ必要に迫られた。この世界的なウイルス危機をきっかけに、私たちは長期的な視野を持ち、様々な出来事の間の複雑な相互作用を意識するようになっていった。図らずも、この時期の外出制限によって、私たちはそれまでのある種の日常への隷属から救われ、眠っていた私たちの精神は、物質的ではないものに対する欲求の重要性に気がついた。つまり、本質的に私たちの関心の中心にあるべきものは、人間だということに気づいたのである。物質的な幸福の奴隷となって力を失っていた人類は、そのとき、物質的な進歩とは別の進歩に目を向けたのである。

人間社会とは、私たちが共有する地球の上で、幸福を求める同じ欲求で結ばれた共同体である。私たちは、物質的安逸が人間社会の根底にある欲求を満たす、新しい現代的な生活を享受してきた。そこにいたる変化は、最初はゆっくりと、そしてあちらこちらへと方向を変えながら進んできたが、プラスチックは、この変化の、目に見え、触れることのできる非常に明白な指標だったのである。その後、世界は反プラスチックの方向に動いていたが、この新型コロナウイルスによる混乱に乗じて、プラスチックはメディアによってその価値を再評価された。プラスチックに対する肯定的な意見が改めて増えてきたのである。使い捨てプラスチックの衛生的な側面が見直され、一部の国では禁止されていた使い捨てプラスチックが一時的に再び使用されるようになった。同時に、革命的なリサイクル方法、つまり一〇〇%リサイクルの実現という幻想を再び声高に叫ぶ人々も現れた。

しかしこのウイルスの流行のショックによって、すでに人類全体に創造的な想像力の種が撒かれていた。それにより、私たちは大量消費中毒から抜け出して、人類共通の幸福を救い出しにいけたのである。そして社会全体に、よりよい生活への渇望が広がった。だがそれは、第二次世界大戦による打撃のあとに起こったような、工業の高度成長となって実現したのではなかった。今までにない考え方が新たに生まれ、そのおかげで私たちは自然や環境、時間とよりよい関係を築くことができた。人類は成熟し、国際社会は結束していった。こうして、私たちのプラスチックへの隷属との戦いは、気候変動や生物多様性の喪失、そして社会的不平等との戦いと同等の位置を占めるようになった。

平和的だが断固とした態度の若い活動家たちによって、いくつもの大規模な不買運動が繰り広げられたあと、あらゆる種類の不必要なプラスチックは次第に姿を消していった。プラスチックのレジ袋の次には、水やその他の飲料用のボトル、ストローやコップ、敷物や合成ゴムの風船といった日常に溢れる無数の品々が消えていったのである。

浴室から出てTシャツに袖を通しながら、私は少し前まで使われていた、軽くて皺になりにくいが肌に張りつく服を思い出した。ダウンジャケット、フリース、ブラウスは合成繊維なので、夜になって脱ぐときに脚の産毛や髪の毛を逆立ててパチパチと乾いた音を立てていた。中古品はまだ存在するが、新しい服に関しては、プラスチックや合成繊維の時代は終わりを告げた。綿や麻、絹や毛が見直され、植物の葉、藻、木屑から作られる新繊維と肩を並べた。

この衣服の革命による唯一の影響といえば、私たちの服が長持ちするよう、天然繊維を大切に扱う新しい洗濯機を購入しなければならなくなったことだ。昨晩、四〇代の息子がしょげ返ったような声で私を呼んだ。私がプレゼントしたばかりの羊毛と大豆の繊維で編まれたセーターを、不注意にも旧式の洗濯機で洗ってダメにしてしまったというのだ……。息子はかわいそうなほどがっかりしていた。

私たちは長い間、衣服の扱いも含め、「使い捨て」という反射的な行動をとってきたと認めざるを得ないだろう。速く洗えて速く乾くものは、手間もかからなければ時間を拘束されることもない。その上、ファッション業界のマーケティング活動によって、毎年、服を変えるよう促されていたのだから、合成繊維の服を着て使い捨てるのが当たり前になるのは仕方のないことだった。しかし、今や世界中で「ポリ」という言葉が頭につく名前の繊維は消え、代わりに「プラスチックフリー」の服が着られるようになっている。

キッチンに入ると、私はガラス製のカップに入ったヨーグルトとステンレス製の箱に入ったシリアルを手に取って朝食にした。プラスチック製の容器は冷蔵庫の棚から完全に消え、代わりに再使用可能なガラス、金属、生物由来のポリマーの容器が使われている。とても楽し気な形と色をした容器が私のお気に入りだが、それは私が統括した欧州の研究チームが中国と連携して作り出したものだった。私たちはメタン化技術を改良し、堆肥や藁、ブドウの若枝やその他の農業廃棄物を変換する方法を確立させた。これらはバイオエネルギーになるだけでなく、生分解性ポリマーにもなり、農業を営む人たちの副収入となる。

ローマ大学とリスボン大学との協力により、私たちはイタリアのヴェローナ近郊に大規模な農場を作り、最初の実験工場をそこに設置した。あるイタリアの企業がすぐにこの技術を買い取って、農場に設置する装置の製造と販売を始めた。そしてあっという間にデンマークやドイツ、フランス南部などにも設備が作られていった。数年後、今度は中国がそれまでの方針を変更し、農業廃棄物を使用したバイオプラスチックの生産を開始した。中国ではだいぶ前からバイオプラスチックを生産していたが、それはトウモロコシを使ったものだったのである。今日では、フィンランドの大企業が、私たちの作ったポリマーを植物の繊維と混ぜ、軽くてカラフルで洗練されたデザインの再使用可能な容器を販売している。それらの製品は、それぞれの用途に特化した性質を持たされていた。たとえば、大量の繊維質を含む容器は乾燥食品の保存に向いているし、PHAのみからなるプラスチックの類似品は水分を多く含む食品を入れるのに適している。そして、使いはじめて数年後にひびが入ったら、近くの堆肥中に捨てるだけでいい。数ヶ月後には、土壌を豊かにする肥料に変わってくれるのだ。

また、これらの新素材でできたタッパーウェアを持って、街角の店の「ステーションサービス」と呼ばれるコーナーに行けば、量り売りで買い物をすることができる。シリアルやヨーグルトのサーバーが並んでいて、買い物客は各自、ほしい商品をほしいだけ容器に取り、ずっと前から野菜や果物を買うときに行われているように、レジで重さを量って、それに応じた金額を支払うのである。この他にも同様の装置で、砂糖や小麦、洗剤、油や酢などが売られている。ヨーグルトが一食分ずつ個別包装されているのは過去の話となっていた。農産物加工会社は包装材を売るのではなく、自分たちの最も得意とすること、つまり食品製造という原点に戻ったのである。今では彼らはヨーグルトを冷蔵のタンクローリーで各店舗に届け、量り売りで販売している。

最初のうちは、使い捨ての包装材が消えることで、私たちは買い物に出かけるたびに容器を一式抱えていかなければいけないと考えていた。だが、若い企業家たちが素晴らしい容器のデポジットサービスを考え出してくれて、この問題は解決した。使われるのは、一定のニーズに合った素材や形や容量の箱やボトルその他の容器で、買い物客はお店や市場、スーパーマーケット、そしてテイクアウト専門店でも、保証金を払ってこういった再使用可能な容器を借りることができ、その容器は必要な間ずっと使うことができる。使い終わったら、よく行く通りの隅に設置された青い運搬用の廃棄物容器のなかに、空になった容器を入れればいいのである。企業はその容器を回収し、分類し、洗浄や修理を行って、その素材や状態に応じて再び食品販売店に配送したり、リサイクル処理に回したり、堆肥中に埋めたりするのである。このシステムは非常にうまく機能しており、ゴミ収集のように公共サービスにしようという話も出ている。

この日は午後に病院で検査を受けることになっていたが、普段は日中散歩に行くので、朝食が終わるといつもサンドイッチを用意する。バターとチーズは、一〇年前には絶対に考えられなかった包装材に包まれている。それは、木や植物の葉である。防水性に優れ、毒性がないことから選ばれたこの素材は、冷蔵庫内の低温環境下でも、すぐに乾燥してボロボロになってしまうようなことはない。最初は、ブドウの葉に包まれたカマンベールチーズを買うことに戸惑いを感じたが、今ではなんとも思わない。むしろ、その方がおいしそうだ。

私たちは、食品の包装材としてバナナの葉などを使う、熱帯地方の一部の国々の伝統的な方法をとうとう見習うようになったのだ。欧州の人々は、ブドウ、桑、栗の葉など、自分たちの身の回りにも使える葉があることに気がついた。包装業界のニーズに応えるための特別なプランテーションを始める人々も現れた。私たちはこれらの葉を洗浄して熱成形したあと、円錐形に巻いてフライドポテトを入れたり、折って小箱にしてハンバーガーを入れたりしている。ヤギのチーズを食べたあと、自分が地球に残すのはプラタナスの葉だけだと思えば安心だ。この葉は庭に捨てておけば、そこで、秋に落ちてくる他の葉とともにその生涯を終える。完全に分解するまでに何百年もかかるプラスチック加工された紙はもう使われていない。正直、植物の葉を使った包装材のよさが評価されるのに、こんなに待つことになるとは思わなかった。今やプラスチックの時代は過ぎ去ったのだ。そうつぶやいて、私は物思いにふけった。

病院での検査のことを考えると、どうしても気持ちが沈むため、出かける前に元気を取り戻そうと、私はラジオをつけてお気に入りの番組「プラストックデトックス」に耳を傾けた。かつてジャーナリストたちが精力的に活動し、とうとう地球温暖化について世間一般の人々に関心を持たせたように、この番組はプラスチックの問題に情熱を注いでいた。今朝も、番組チームはある調査委員会の動きを追跡していた。その委員会はピレネーのふもとの自由地下水（地表に最も近い不透水層の上に存在する地下水）をプラスチックのナノ粒子で汚染している疑いのある、古いゴミ捨て場を特定する任務を負っていた。

番組はプラスチックによる汚染を減らすための建設的な注意と具体的なアドバイスで締めくくられた。私が一番魅力的だと思ったアイデアは、数年前にマルセイユの高校生のグループによって発案されたものだ。それは、自分が日常的に足を運ぶすべての商店に、「不必要なプラスチックの使用を減らすことを約束してくれなければ、この店にはもう来ません」という手紙を置いていくという方法だった。消費者からのこの圧力は、効果てきめんだった。数日後、フランス全土の数十の大手チェーンと数千の個人経営商店のショーウィンドーには、プラスチックに反対することを約束する掲示が貼り出されていた。なかには、顧客と一緒になって、プラスチックに代わるものを見つけるミーティングを企画する店もあった。私は近所のクリーニング店で開かれたミーティングに行ったことがある。アイロン台と乾燥機の間で行われる会議に参加するなんてなかなかできない経験だ。最終的に、店主はプラスチック製の衣服の保護カバーを、デポジット制で洗濯可能な布製のものに替えることを約束してくれた。また、隣の中華惣菜屋では、自分の容器を持ってきたお客さん一人一人に春巻きをサービスしていた。

それから私は、まだ持っているプラスチック製品を手放す個人指導をしてくれる、近所のグループにも参加した。そのプログラム自体は、スマートフォンを使って運動量を記録したり瞑想トレーニングをしたりするのと同じようなものだったが、実際に存在する人々と直接連絡をとっていたので、高いモチベーションを保つことができた。一番大切なのは、ゆっくり時間をかけることを受け入れることである。つまり、プラスチック容器に入った料理を途中で買っていくよりも、時間はかかっても自分でサンドイッチを作ることを選ぶことが重要なのだ。甥っ子を喜ばせるためには、最新のプラスチック製のおもちゃを買いに走るのではなく、素晴らしい時間を過ごせるように、二時間かけてガロンヌ川に連れていくべきなのだ。結局、「時間の節約」を至上命令とするような考え方を捨て去ることが、プラスチックの魅力に抵抗する道だといえるだろう。

キッチンを片づけながら、私は欧州で変化を大きく加速させたもう一つの方法を考えた。それは、変化をもたらした注意喚起のスローガンや環境指標を製品に直接表示するという方法である。一枚のTシャツの値札に書かれていたフレーズを初めて読んだとき、私は呆然としたものだった。そこに書かれていたのは、「プラスチックは数世代にわたって汚染し、殺す」「プラスチックは私たちの幸せと未来の世代の生存を脅かす」というメッセージだったのである。

環境指標は改良され、曖昧な表現を使わずに、プラスチックゴミの微粒子がもたらす長期的な危険性について注意を促している。「有害廃棄物の国境を越える移動及びその処分の規制に関するバーゼル条約」では、今では生分解性を持たないすべてのプラスチックが規制対象廃棄物に含まれている。

そして、このプラスチックの危険性のために、各国は製造者に製品の最終的な処分まで責任を負わせるようになった。これにより、プラスチック製品はもう販売されなくなり、明確に決められた期限内でレンタルされるようになった。現在では、あるプラスチック製品が使われなくなると、製造者のところに戻る仕組みが確立されており、製造者はゴミとなったそのプラスチックの処理に全責任を負うことになっている。だが、このシステムはまだ完璧なものとはいえない。というのも、企業は、分解されずに長期間残留するプラスチックを供給してきたが、自分たちが何十年も前に作ったプラスチック製品のゴミの完全な処理を約束することはまだできないからである。

私は明日プールに持っていく孫の浮き輪に目をやった。この浮き輪の目立たないところには、三色信号機のように三つ並んだ色つきの表示欄がある。「プラスティ・スコア」という表示である。これは家電のエコ診断と同じような方式で、購入者にその製品のプラスチックの原料、有用性の高さ、それから、最後に使用済みとなったときに危険性を伴わずに処理ができるかどうかを示すものである。

この浮き輪の表示ラベルを見てみよう。まず、「原料」を示す欄は赤色の表示になっている。というのも、この浮き輪は石油由来のプラスチックでできているためだ――そう、まだこういった商品は少し残っているのである。そして、浮き輪は人命を救う有用なものなので、「有用性の高さ」が示される真ん中の欄は鮮やかな緑色になっている。この浮き輪は生分解性もなく再利用もできないが、使用後にエネルギーに変換することができるため、最後の「使用後の処理」について示す欄は黄色になっている。そういえば、これを買うとき、この水浴用の浮き輪の横には「プールで近くにカクテルグラスを浮かべるため」の悪趣味なミニチュアの浮き輪があった。この飾り物的な製品のプラスティ・スコアは三つとも赤い表示になっていて、値段もそれに応じた高いものとなっていた。私はそれを見て、お店の棚の前で思わず噴き出したものだった。

実際、こういった実用性のないプラスチック製品は、非常に汚染力の高いものと同様、かなり稀な存在となっていた。産業界は自社製品がよいプラスティ・スコアを得られるように、製造するプラスチックを基準に合わせて変えていったのである。消費者はこのプラスティ・スコアを目で確認しているが、それはただのお決まりの習慣となっている。というのも、現在出回っているのは、表示欄がほとんど緑の製品ばかりだからだ。

しかし、この方法が導入された当初は、メーカーはぶうぶうと激しく文句をいっていた。「この表示ラベルによって、消費者は選択の自由を奪われる!」とラジオで断言する人や、「表示されたプラスチックのメッセージによって、何百万人もが職を失うことになるだろう!」とテレビ番組で発言する人もいた。さらに、「自分たちが製造するプラスチックの成分をすべて表示したら、企業秘密が侵害される上、反プラスチック思想による差別が生まれる」と不満の声を上げる人もいた。しかし、環境保護や健康保護を主張する人たちは、ただこう答えればよかった。「この方法によって、私たちはプラスチックの素材がどういうものかを知った上で、適切に賢い消費ができるようになるはずです」

これがもっと昔だったら、企業の短期利益を脅かすこの決定に直面した産業界は、影響力あるあらゆる手段を使ってこうした風潮を覆そうとしたことだろう。しかし、欧州では、この間に健康や環境問題に関するロビー活動による監視が整っていた。民間企業はもはやこうした領域の法律制定に影響を与えられる合法的な手段を持たず、このことにより、国会議員や市民団体を味方につけた科学者たちの力は強まった。世間の関心は、科学者たちが示す指針だけに集まっていた。

さらに、国連は、「気候変動に関する政府間パネル」(IPCC)とよく似た「微粒子汚染に関する政府間パネル」(IPPPF)という国際的専門家からなる政府間機構を設立した。この専門的な機構の行う発表によって、社会は合成ポリマーの長期的な危険性を理解し、真剣に捉えるようになったのである。

私は病院に行く準備を整えると、小物類を入れたリュックサックの口を閉めた。ちなみに、このリュックサックも布と天然ゴムでできているのでプラスチックは使われていない。あとは、どこに行くにも持ち歩いているステンレス製の水筒に、水道の蛇口から水を入れればいいだけだ。二〇二〇年代以降、水道水はボトルの水よりも安心できるものとなっている。自治体は資金援助を受けて、下水処理場に微粒子の一部をキャッチできるフィルターを取りつけた。ミネラルウォーターのボトルはもう使われなくなり、惣菜のトレーやレコード、ベークライト（フェノール樹脂の代表的商標名）でできたダイヤル式電話機と並んで博物館に飾られるものとなった。

私は家を出ると、路面電車《トラム》に乗った。

もちろん、すべての石油由来のプラスチックが私たちの視界から消えたわけではない。たとえば、今、私が乗り込んだトラムの車体には、今もなお使われている飛行機の機体胴部や自家用車の車体のように、まだまだ大量のプラスチックが使用されている。プラスチックはそうした車体の軽量化を可能にし、その結果、燃料の消費量が減るのである。これは重要なことだ。

しかし、こうした「必要不可欠」なプラスチックは、もはや昔とは合成成分が異なっている。今では、長期的にも環境に影響を与えることなく、プラスチックの素材としての寿命の最後まで管理できるように作られている。たとえば、そういったもののいくつかは、「循環型」の素材である。これは「対象物が寿命を迎えたときに、その原料が加工されて再びまったく同じ状態になること」を示す用語として最近辞書にも載るようになった言葉である。この場合、市場に出る前のその素材の再生処理の工程は、製造者の責任下にある。これは今日では当然のことのように思えるが、二〇二〇年代はまだそうではなく、「〜可能な」という言葉が好んで使われていた。たとえば、当時の「リサイクル可能なプラスチック」とは、「いつかリサイクルするかもしれないが、それについては何の保証もないプラスチック」という意味にすぎなかった。しかも、そのほとんどがリサイクル可能なものではなかったのである。振り返ってみると、これこそ言語道断ともいえるグリーンウォッシュだと思う。

今では、「循環型」というお墨つきをもらうには、そのポリマーが回収されて数週間後にはまったく同じプラスチックに再生されることが完全に保証されなければならない。ごく最近確立されたこの循環産業は、目まぐるしい速さで発展していった。化学的な説明をすると、ネックレス（ポリマー）を作っている真珠（モノマー）は結合の手をつないでいるが、循環型のポリマーは、たとえば、特定の光放射によって、結合が解け、真珠がばらばらになるように作られている。これらの真珠から不純物を取り除き、精選したあと、再び結合させ、同じ用途に用いられる同じ素材に再生するのである。企業はこうして必要不可欠だといわれるすべてのプラスチック製品を製造しているが、これらを市場に出すにも特別な認可の申請が義務づけられている。

トラムの私の隣の座席の乗客は、別のタイプの必要不可欠なプラスチック製品を手にしていた。喘息用の噴霧器で、それには「生分解性」のスタンプが押されている。これは小さくて回収が難しいため、たとえば、家庭ゴミの堆肥中などの自然環境下で、数ヶ月で消えてなくなるポリマーで作られている。つまり、その小さい噴霧器が空になったら、その乗客はリンゴの皮や栗の葉でできた食品トレーと一緒にそれを捨てればいいのである。

トラムが進むにつれて、検査のことで不安が募ってきた。気持ちを落ち着けようと、線路沿いの歩道に目をやると、以前はゴミ箱と呼ばれていた運搬用の廃棄物容器が並んでいた。と、そこに、新しい鮮やかな緑色の蓋の容器があるのに気がついた。堆肥用容器だ。生分解性プラスチックを含む、すべての有機廃棄物を回収する容器である。毎週、国家資格が必要な「堆肥取扱者」が来てその中身を回収し、発酵、腐熟させて堆肥にする。この堆肥は地元や郊外の農家に販売される。さらに、農家や野菜の集約栽培業者が畑を乾燥や雑草から守る方法も変化していた。畑に敷かれるシートが変わったのである。このシートは、今ではすべて植物性の廃棄物から作られたものになっており、一年以内に生分解される。そのため、農家は今年使ったシートを片づける必要はなく、そのまま土に敷いておくことができる。次のシーズンにはこれが分解し、作物に必要な栄養分が供給されるのである。

トラムから外を眺めていると、ときおり、歩道に置かれた循環型プラスチック専用の廃棄物容器も目に入る。その容器は地面にネジで固定され、蓋にも錠がかかっている。というのも、なかに入れられているポリマーは、現在では稀少で高価な上、危険物とされているからである。

先日、孫に、私が若いときには、くわえタバコでビール瓶を片手に運転するという、今では見られない危険な行為をしながら、プラスチックのゴミを窓から投げ捨てていたという話をしたら、孫は仰天して笑い転げた。私たちの代の愚かな行動のせいで孫をこんなに笑わせるようなことはしたくないものである。

と、トラムがゴミの埋め立て地の前に差しかかった。過去の遺跡ともいうべき場所だ。この場所がこれほど変わることになるとは、まったく思いもしなかった。つい最近まで、ここは私たちの大量消費による恥ずべき地下墓所となっていた。今日では、こうしたゴミ捨て場は、貴重でかつ危険なプラスチックという財宝が詰め込まれたアリババの洞窟といえる。実際、プラスチックゴミはその微粒子で土や水を汚染するリスクがあるが、同時にこれらは「ポリマーの真珠」(モノマー)の重要な資源でもある。石油由来のプラスチックのバージン材は、今日、非常に高価なものになっているので、埋め立て地は石油化学者にとって超お買い得のレゴの新たな宝庫となっている。そのため、使用後のプラスチックを選別して除染し、素材としての価値を高める新たな事業も現れた。その事業では「廃棄物精製所」、別名「再生施設」と呼ばれる場所で、微生物の酵素を使い、埋め立て地から掘り出してきたプラスチックゴミの処理をする。こうして、プラスチックゴミはすぐにミニレゴの状態に還元され、分別されたあと、石油のように燃料やプラスチックの製造に使用されるのである。清潔な状態となった真珠(モノマー)は、再びネックレス(ポリマー)に加工される。もちろん、この廃棄物の処理には費用がかかる。しかし、マイクロプラスチックやナノプラスチックが漏れ出すのを防止して、埋め立て地の再生と周辺地域の衛生安全の維持に寄与することから、補助金交付の対象となっている。

もちろん、いつか埋め立て地のポリマーの在庫が尽きる日が来るだろう。しかし、人類は時間をかけて一〇〇億トンのプラスチックを蓄積してきたのだから、五〇年以上の蓄えはある。それを使い切ったあとは、必要不可欠なポリマーを生産するために光合成独立栄養微生物を使うようになるだろう。これらの微生物は、生分解性ポリマーとして使うために回収された備蓄ポリエステルから、CO_2を捕らえて変換することができるはずである。私はローマ、リスボン、そしてマドリードの科学者たちと一緒に、この素材の開発の初期研究に携わっていたので、この革命的な素材が市場に現れるのが待ち遠しくてたまらない。孫が怪訝な顔で、「ねえおばあちゃん、このニュースでいわれている未来のプラスチックを作るのに、おばあちゃんも関わったって本当?」と訊いてこようものなら、思い入れが強すぎて、ひょっとしたら少し冷静でいられないかもしれない……。

そうしているうちに、病院前の停留所が近づいてきて、また不安がこみ上げてきた。けれども、携帯電話に届いた一通のメールを見て、私は喜びに思わず顔を上げた。ついに欧州が北京議定書に調印したのである！　やった！　ちょうどトラムを降りた私は、嬉しさのあまり、危うく通りで飛び跳ねるところだった。これは主に中国によってまとめられた文書で、五年以内に、生分解性のないプラスチックや「循環可能」であることが保証されていないすべてのプラスチックの製造を、全世界で禁止するよう目指すものである。

この交渉が始まった当初、私はにわかには信じられなかった。というのも、私たちが長い間、主な汚染者として非難してきた中国が、（ある種の偽善もあって）プラスチック汚染との戦いをリードするというのだから！　だが、これは当然の帰結だった。中国は最初に微粒子による大気汚染に苦しんだ国の一つであり、また、プラスチックゴミの輸入の扉を最初に閉じた国でもあったからだ。こうして、中国は立ち上がり、今や、プラスチックとその行きつく先の姿である制御不能なナノ粒子との戦いの先導者となっている。一五億人の人口を抱える巨大な国の政治が、一部の人から「ロードローラー」と呼ばれるような力技を発揮して、産業界を動かし、それが功を奏したのである。欧州諸国は、これに驚きを隠せなかった。産業界で一八〇度の方向転換をするとなると、欧州ではこれほど効率よく成功に導くことはできないからである。

北京はまず、世界のリサイクル可能なゴミの受け入れ継続を拒否し、すでに蓄積されていたプラスチックの在庫を使用して、風車や巨大な太陽光発電所、電車などを建設した。そして、昨年、新たに劇的な出来事が起こった。中国は、生分解性がなく循環可能でもないプラスチック製品の製造をきっぱりと停止した。さらにすごいことに、すべての貿易相手国に対し、同じことをしなければ交易を停止すると脅したのである。

私はすでに病院に入っていて、白い壁の廊下の蛍光灯の下にいる。今から受けるのは、臓器内のナノプラスチックの蓄積の有無を調べる「プラスティスコピー」という検診である。私たちの日常から消える前に、プラスチックは人々の体にいくつかの害を及ぼしていた。そのため、この検診が行われるようになり、六〇歳以上の人はこれを例外なく定期的に受けることになっている。この年代の人たちは、プラスチック製品やそこに含まれる添加剤、それらが運ぶ汚染物質だけでなく、その行きつく先の姿であるマイクロプラスチックや最初のナノプラスチックに最も長く触れてきたからだ。反プラスチックの号令が鳴り響き、人々がプラスチックから身を守りはじめた頃すでに、私たちは半世紀以上もプラスチックの世界にはまり込んでいたのである。

しばらく貧血に悩まされていたので、今日の検査はいつもより少し時間がかかる可能性があった。貧血は一時的なものかもしれないし、ホルモンのせいかもしれないが、もしかしたら私の粘膜がマイクロプラスチックやナノプラスチックで絨毯のように覆われていて、それに対する炎症反応が始まった可能性もある。私の気管支と鼻腔は、昔、マイクロ粒子の雲によって危険な状態に陥ったとき以来、敏感に反応するようになってしまった。酸化型分解性プラスチックと呼ばれるあのときの古いプラスチックは、その後、使用や製造が禁止されている。

現在、臓器にプラスチックが蓄積されている症例が増えており、その治療法はまだ見つかっていない。酵素を体内に送って、蓄積されたプラスチックをその場所で破壊することを検討している研究チームもある。これは、私たちが埋め立て地のプラスチックを酵素で分解するように、体内のプラスチックを分解しようというものだ。

頭からつま先までスキャンする装置のなかに身を横たえながら、私は深く息を吸った。肯定的に考えれば、有機物起源であるプラスチックという物質を、医学によって人間の体内から検出する方法が見つかっているだけでも運がいいといえるのだ。

私は気分を変えるため、今日の午後、学校が終わったあとに孫を連れていく予定の「プラスチック博物館」のことを考えた。私はもう興味はないが、孫はこの博物館が大好きだ。ショーケースのなかに並んだカップやセロファンフィルムのロール、バービー人形などのプラスチック文明の遺物を見て、孫は目を丸くする。前回行ったときには、なかば陽気な、なかば心配そうな顔をして、私をからかうように、ふざけてこんな風にいっていた。「おばあちゃん、本当に野菜をプラスチックに入れてたの？　どうかしてるよ。見てよ、あのレジ袋。一五分しか使わないのに地球を四〇〇年も汚染しつづけるんだってさ。ほんと、冗談としか思えないよね？」

　反プラスチック思想啓発キャンペーンの一環として、世界のいたるところで同様の博物館が何十館もオープンしている。そこには、ＣＤやその透明なケース、おもちゃやペン、洗濯ばさみ、製氷皿、洗濯洗剤のボトル、食品トレー、飛行機の座席シート、カップやフォーク、ストロー、櫛、それからレースボートや耐熱性合成樹脂《フォルミカ》仕上げのテーブルまで並んでいる。ほとんどの子どもたちはここが大好きだが、付き添いの大人たちは目の前に並んだ当時のプラスチック製品のもたらす地獄の深さを考えて、そこから抜け出せたことを喜びながら、大きくため息を吐くのである。

「今の子どもたちが、あの毒されていた時代を知らなくてよかった……」。プラスティスコピーの装置が何度かビープ音を鳴らすのを聞きながら、私はそう考えた。看護師さんが、私が筒形の装置から出るのに手を貸しながら、夕方までには担当医から結果の連絡があると教えてくれた。そして、いつものように、空気中の「プラスチック予報」をよく見て、それに応じてマスクをするようにしてください、といってきた。

　このプラスチック予報も、私たちの日常生活を大きく変えたものの一つだ。数年前から、プラスチックの害への対策として、空気中や水中のマイクロプラスチックの濃度が常時監視の対象となっている。プラスチックは他の天然有機物と見分けがつかず、測定器や衛星による検出方法がなかったために、この措置がとられるまでには長い時間を要した。しかし、技術の進歩によって、二酸化窒素汚染の急増やウイルスの蔓延を警告していた機関には、今では、一種の微細プラスチック粒子汚染予報を地域や都市ごとに行うのに必要な設備が整っている。さらに、ときおり自分の町で汚染物質が検出されると、このプラスチック予報による警報が携帯電話に送られてくる。それから、特に体の弱い人のために、フィルターのついた水差しや厚めのマスクも発売されている。

廊下に出ると、私はほぼ無意識のうちに空気中のプラスチックの状態を示す携帯電話のアプリを開いていた。その地図は、今朝の予報で見た通りの状態になっている。私がいる場所は今日は緑色で示されている。もしこれが黄色だったら、私も同じ地域の人々も、出かける前に皆、マスクをしてきたことだろう。

ミストラル、メルテム、シロッコといった激しい地方風の吹き込む地中海には、空気中のマイクロプラスチックとナノプラスチックがこれらの風に乗って容赦なく運ばれてくる。だがこのことが「ノアの箱舟計画」によって証明されたため、対策がとられたのは幸いなことだった。二〇三〇年代、マイクロプラスチックの影響を受けた生物が数十種単位で姿を消してしまった。これを受け、複数のNGOが、小エビやクジラ、ミミズや鹿などの最も影響を受けやすい種を隔離してプラスチック汚染から守るため、陸と海の両方に生物多様性特別保護区を設けたのである。これが「ノアの箱舟計画」だ。その後、こうした生き物は、十分に浄化され、新たな汚染からも守られた別の地域に移された。

再び不安がこみ上げてきて、化粧室に駆け込むと、私は冷たい水に顔をつけ、冷静さを取り戻そうとした。そして、どうせ結果が出るまでは何もできない、と自分にいい聞かせた。それから病院を出て再びトラムに乗ると、この次は孫とどこに行こうかと考えた。あの子も大きくなってだいぶしっかりしてきたから、工業地帯にオープンした巨大なボルダリングホールに連れていくのはどうだろう？　この施設もまたプラスチックに関連するものだが、まあ、人生ってそんなものかもしれない……。

かつてプラスチックを作っていた古い石油化学工場は、実に大きな変貌を遂げていた。博物館と、スリルを求める人たちのためのスポーツ施設という、二つの機能を兼ね備えた場所になったのである。博物館のセクションでは、来場者はかつてポリマーが循環していた直線にすると何キロメートルにもなるパイプラインの横をわくわくしながらたどり、もう使われなくなった押出機を見たり、ガラス張りのエレベーターで二〇世紀の大聖堂ともいえる製油所のてっぺんまで上がったりすることができる。そして、そこから私たちの歴史の重要な部分を占めるその製油所を一望することができるのだ。一方、スリルを味わえるスポーツセクションでは、向こう見ずな人たちが、かつてプラスチックのペレットが保管されていたビルのように高いサイロの壁をよじ登り、ザイルに身を託して、使われなくなって久しい空《から》の染料容器に懸垂下降して楽しんでいる。

孫の学校から数ブロック離れたところで、私はトラムを降りた。あとは公園を通り抜ければ学校だ。平日の午後にもかかわらず、散歩を楽しむ人々の姿が目についた。年々、こうした人々が増えてきている。これは嬉しい変化だと思う。プラスチック依存を自覚し、多くの人々が買い物を減らすようになり、それによって、稼ぎを減らすことを検討し、仕事を抑える人も出てくるようになったのだ。かつては、「時は金なり」という言葉のように、時間を無駄にしてはいけないという社会の風潮があり、私自身、その抗いがたいテンポのなかで成長した。しかし、父との時間は違った。夏の夜になると、父はいつも、まだ昼の熱の残るテラスの石の上に私たちと並んで座り、長く静かな時間を一緒に過ごしてくれた。父はそこで、私たちに最も豊かで得がたい宝物を惜しみなく与えてくれた。それは、黙っていても心でわかり合える幸せな時間という贈り物である。あの時間があったからこそ、私は嵐のような目まぐるしい現代生活のなかでもなんとかやってこられたのである。自分の人生の根底にある意味の手がかりを見失いそうになったとき、私は暖かい石の上で過ごしたこの時間を思い出すことで、何度も救われてきた。また、プラスチックや他の多くのものを手放すことができたのも、この時間があったからこそである。だが、物質的なものよりも時間と幸福に価値が置かれたのは、私の人生だけではなかった。この分野での最新のビッグニュースは、アメリカ合衆国が繁栄を示す指標を新たなものに切り替えたことである。世界の社会の幸福を示す新しい指標として、国内総生産や純粋に経済に基づく数値ではなく、環境や健康、社会的連帯、個人の幸福度の質に基づいて算出されたものが使われるようになったのだ。

さあ、ようやく小学校に着いた。と、携帯電話の着信音が鳴り、メールが届いた。担当医からだ。「検査の結果ですが、安心してください。あなたの粘膜中のナノプラスチック率は正常範囲です」。私は胸をなでおろした。そして、大きく息を吸うと、しばらくそこに立ち止まって、この嬉しい知らせにもう一度目を走らせた。空は青く、吸い込んだ空気は清々しい。あたりからは小さな子どもたちのはしゃぐ声が聞こえる……。なんと素晴らしいのだろう……。私は喜びをかみしめた。と、そのとき、孫が校門から姿を現した。そして、かわいい笑顔をこちらに向けると、腕のなかに飛び込んできた。

謝辞

エレーヌ・サンジエより

常に私を啓発してくれるＡＫと、私の二人の太陽に感謝したい。

ナタリー・ゴンタールより

まず父にお礼をいいたい。家族、そして自然に寄り添って生きることがかけがえのない幸せだという父の背中を見て、私は厄介な物質主義的遺産から解放された。

そして、いかなるときも必ず味方でいてくれたステファン・Ｇ（と、ステファン・Ｂ）にも感謝する。

アリス、エミール、ローリー、そしてアントナン。彼らの元気いっぱいの笑顔や頭の回転の速さはこちらまで生き生きとした気持ちにさせてくれた。

また、温かく支えてくれた、アルデシュ県に住む家族全員に感謝する。

ヴァレリー・ギヤール、ステファン・ペロン、エレーヌ・アンジュリエ、セバスチャン・ゴーセルに感謝する。彼らは任務に忠実な船の乗組員として、無知の海に沈もうとするプラスチック素材に関する多くの知識を救ってくれた。また、船が揺れているときも、決して船を見捨てないでいてくれた。

それから、様々な色の光で私の進む道を照らしてくれた科学者の方々、特にローマのマウロ、リスボンのマリア、ボローニャのファビオ、ヨーテボリのウルフ、ミュンヘンのクラウディア、ヴェローナのダビッド、京都のナオフミ、サンパウロのパオロ、ベナンのマチュラン、北京のタイファに感謝を申し上げる。

また、常に私に学びをもたらしてくれる、多くの学生たちに感謝し、私の本を読んでくれた私のお気に入り人々、マージョリー、ジュヌヴィエーヴ、エレーヌ、ヴァレリー、ナニー、フロランス、ジャクリーヌにもお礼を申し上げたい。

そして、編集チームの方々、特にエレーヌ・サンジエ、シルヴィー・ドゥラス、パロマ・グロッシには大変お世話になった。エレーヌにはプラスチックの知識を浴びせすぎたのではないかと心配している。シルヴィーは本書の作業の礎を築き、パロマが最後の仕上げをしてくれた。心からお礼を申し上げる。

用語解説　プラスチック包装の理解を深めるために

プラスチックをどうしても使う必要がある場合、望ましいプラスチックとは、自然環境下で堆肥となるものだろう。また、可能なら生物由来の資源を原料にしたものでありながら、食料を原料に使用していないものがよい。

「バイオプラスチック」という言葉は要注意

バイオプラスチックという言葉は次の三種類のプラスチックを指し、混乱を生じさせやすいので注意が必要だ。

a　生分解性はあるが、生物由来ではないもの（生分解性○、生物由来×）
b　生分解性はないが、生物由来のもの（生分解性×、生物由来○）
c　生分解性があり、生物由来のもの（生分解性○、生物由来○）

原料の観点から見たプラスチック

○生物由来のプラスチック（バイオプラスチックbおよびc）
熱可塑性でんぷん、バイオポリエチレン、バイオポリエチレンテレフタラート等。

再生可能な生物資源（糖、トウモロコシのでんぷん、ジャガイモのでんぷん、藻類、微生物が作るポリマー）を（少なくとも一部は）原料にしたプラスチック。再生可能な物質は石油由来の分子と混合されることが多い。フランスでは野菜や果物を入れる袋には生物由来の資源を四〇％使用することが法律で定められている。

注意点：生物由来の資源を原料にしたプラスチックのなかには、石油由来のプラスチックと同様に生分解性のないものがある。

○リサイクルされたプラスチック

リサイクルされた素材のみ、もしくは、一部にその素材を使ったプラスチック。

注意点：一般的に、一度リサイクルされたプラスチックが二度目にまったく同じものに再生されることはない！

○ポリヒドロキシアルカン酸（ＰＨＡ）

微生物によって作られたポリマーから得られるプラスチック。自然環境下で生分解される（バイオプラスチックｃ）。

○ポリ乳酸（ＰＬＡ）

微生物によって作られた乳酸から得られるプラスチック。六〇℃以上になる産業堆肥化装置を使えば生分解可能だが、自然環境下では生分解されない（バイオプラスチックｂ）。

添加剤の観点から見たプラスチック

○酸化型分解性プラスチック

酸化促進剤が添加されたプラスチック。酸化促進剤によって、空気や光にさらされることで微粒子化が促進される。他のプラスチックより速く、マイクロ粒子またはナノ粒子といった目に見えないサイズまで微粒子化するが、微生物によって分解されることはない。

○ビスフェノールＡ（ＢＰＡ）不使用プラスチック

内分泌かく乱物質であるビスフェノールＡが不使用であることが保証されたプラスチック。しかし、（同様に危険性があると考えられる）ビスフェノールＰやビスフェノールＳは今も使われている！

使用後の観点から見たプラスチック

○リサイクル可能なプラスチック

新たなプラスチックの原料として使えるプラスチック。使用後のプラスチックをいったん薄片にして溶かして使われることが多い。

注意点：リサイクル可能なプラスチックも、回収やリサイクルのルートがなければリサイクルされることはない！　さらに、多くの場合、リサイクルから生まれたプラスチックは元のプラスチックよりも質が落ちる。よって、「リサイクル」よりも、「質は元の状態より落ちるが、限られた再利用は可能」であることを意味する「ダウングレードリサイクル」の方が表現として適しているだろう。

プラスチック製品には、なかに数字が記された三角形のマークが表示されている。現在、フランスでは、飲料水のボトルなどに使われるＰＥＴ（三角形のなかの番号は「１」）と、牛乳のボトルに使われることがある高密度ポリエチレン（ＰＥＨＤ）（三角形のなかの番号は「２」）のみがリサイクル可能となっている。しかし、リサイクルから生まれたプラスチックが食品包装材として使われることはめったにない（食品包装材として使う場合、そのリサイクルプロセスは欧州食品安全機関〔ＥＦＳＡ〕の認可を受ける必要がある）。

○生分解可能なプラスチック

ミミズなどの生物やバクテリア、キノコ、藻類などの微生物の活動によって分解されるプラスチック。これらの働きで、このプラスチックは徐々に小さな構造の分子となり、数ヶ月という決して長くはない期間を経て、最終的に水や二酸化炭素（CO_2）やメタン（CH_4）、また、環境毒性のない副産物に変化する。

○堆肥化可能なプラスチック

欧州の法律では、六〇℃以上を保ち、湿度が管理されている産業堆肥化装置で六ヶ月以内に分解されるプラスチックを「堆肥化可能」としている。つまり、この条件で堆肥化されるプラスチックは、庭に深く埋めただけでは堆肥にはならないのである。

○自然環境下で堆肥化可能なプラスチック（厳密な意味での生分解性プラスチック）

家庭用堆肥化装置、または地中で、温度と湿度を管理しなくても数ヶ月で分解するプラスチック。

○持続可能なプラスチック

人間活動と両立し得る期間の「自然の生物学的サイクル（バイオサイクル）」に組み込めるプラスチック。そのため、長く残留する断片化したプラスチックの蓄積を防ぐことができる。このプラスチックは物理化学的・生物学的プロセスによって地中で自然に生分解される。また、植物は、この生分解後の物質から基本的成分を吸収し、光合成によって新たな有機物を合成する。

原註

第2章　忍び寄る不安

1 熱帯・地中海地域の持続可能な開発のための国際協力および農業研究を目的としたフランスの組織。

2 N. Gontard (dir.) , *Les Emballages actifs, Paris, Lavoisier*,《Tec & Doc》2000.

3 フランス食品環境労働衛生安全庁（ANSES）、ビスフェノールAが人間の健康にもたらす危険性評価およびビスフェノールS、F、M、B、AFF、B、BADGE（ビスフェノールAディグリシジルエーテル）の毒性データと使用に関するデータ、2013年3月、オンライン：www.anses.fr/fr/documents/CHIM2009sa0331Ra-0.pdf

4 Ma Yuxin, Xie Zhiyong, Rainer Lohmann, Mi Wenying, Gao Guoping,《Organophosphate Ester Flame Retardants and Plasticizers in Ocean Sediments from the North Pacific to the Arctic Ocean》, *Environ Sci Technol*, 2017, 51, p. 3809-3815.

第3章　プラスチックの新たな理想郷

1 www.maire-info.com/environnement/deux-deputes-fontla-promotion-du-sac-plastique-biodegradable-article-5669

2 酸化型分解性プラスチック（特に酸化型分解性プラスチック製のバッグ）の使用の環境への影響について欧州議会と評議会に対する2018年委員会報告書。

3 自然界の物質はポリマー鎖で形成されている部分が多いため、自然界のポリマーはきわめて多様性に富んでいる。地球上と同様、小さな分子やミニレゴ（モノマー・真珠）だけが、有機体内を循環できるため、生物はポリマー物質を運ぶために分解し、新しい場所で再び組み立てる。これは人間が何かを食べたときに体内でしていることだ。つまり、人間の消化システムは食品を非常に小さいサイズに切り、それが組織を循環して栄養を与え、体を成長させたり太らせたりしているのである。

4 ポリブチレンアジペートテレフタラート（PBAT）。世界最大のドイツの総合化学メーカーBASF社により開発された。

第4章　進行の加速

1 Carbios et PlasticsEurope.

2 R. Geyer, J. R. Jambeck, K. L. Law,《Production, use, and fate of all plastics ever made》, *Science Advances*, vol. 3, no 7, 2017.

3 L.S.Fendall, M.A.Sewell,《Contributing to marine pollution by washing your face : microplastics in facial cleansers》, *Marine Pollution Bulletin*, 58 (8), 2009.

4 F. Sommer *et al.*,《Tire Abrasion as a Major Source of Microplastics in the Environment》, *Aerosol and Air Quality Research*, 18, 2018, p. 2014-2028.

5 M. Bergman *et al.*,《White and wonderful ? Microplastics prevail in snow from the Alps to the Arctic》, *Science*, V5 (8), 2019.

6 特にアクリレート類、ポリウレタン、ワニス、ゴム、ポリエチレン、ポリアミド、ポリスチレン、PVC、ポリカーボネート。

7 R. D. Rotjan et al.,《 Patterns, dynamics and consequences of microplastic ingestion by the temperate coral, *Astrangia poculata* 》, Proceedings of the Royal Society B : Biological Sciences, 26 juin 2019.
8 K. D. Cox et al.,《 Human Consumption of Microplastics 》, *Environ. Sci. Technol.*, 2019.
9 www.geosociety.org/gsatoday/archive/24/6/article/i1052-5173-24-6-4.htm
10 Fengxiao Zhu *et al.*,《 Occurrence and Ecological Impacts of Microplastics in Soil Systems : A Review 》, *Bulletin of Environmental Contamination and Toxicology*, vol. 102, no 6, juin 2019, p. 741-749, en ligne : doi.org/10.1007/s00128-019-02623-z
11 前掲書。
12 L. Li *et al.*《 Uptake and accumulation of microplastics in an edible plant 》, *Chin. Sci. Bull.*, 64 (9) , 2019, p. 928-934.
13 O. Holloczki, S. Gehrke,《 Nanoplastic can change the secondary structure of proteins 》, *Nature. Scientific reports*, 9, 16013, 2019.
14 M. Bergman et al.,《 White and wonderful ? Microplastics prevail in snow from the Alps to the Arctic 》, 記事引用
15 Y. Chae, D. Kim, S. W. Kim, Y.-J. An 《 Trophic transfer and individual impact of nano-sized polystyrene in a fourspecies freshwater food chain 》, Scientific Reports, 8, 284, 2018.

第５章　埋め立てか、焼却か、リサイクルか

1 www.ellenmacarthurfoundation.org/publications/reuse
2 PlasticsEurope (2018) ; Jambeck *et al.* (2014) ; Banque mondiale (2018) ; Agence européenne pour l'environnement (2014).
3 www.gouvernement.fr/action/plan-climat
4 www.ellenmacarthurfoundation.org/publications/the-new-plastics-economy-rethinking-the-future-of-plastics
5 www.plasticseurope.org/application/files/6315/4510/9658/Plastics_the_facts_2018_AF_web.pdf
6 www.pagder.org/images/files/euromappreview.pdf
7 blogeconomiecirculaire.wordpress.com/2018/07/04/le-plastique-se-meurt-vive-le-plastique/
8 www.lemonde.fr/afrique/article/2019/09/09/en-cote-d-ivoire-des-ecoles-en-plastique-recycle_5508175_3212.html
9 www.ouest-france.fr/leditiondusoir/data/22325/reader/reader.html#!preferred/1/package/22325/pub/32168/page/7
10 www.rtbf.be/info/societe/onpdp/detail_les-vetements-en-plastique-recycle-nouveau-phenomene-de-mode?id=9563063
11 afrique.latribune.fr/economie/2018-03-31/clash-usa-rwanda-sur-le-textile-kigali-reussira-t-elle-a-tenir-773822.html

12 www.ouest-france.fr/europe/italie/recyclage-de-plastique-contamine-un-reseau-mafieux-demantele-enitalie-6580615
13 information.tv5monde.com/afrique/l-afrique-poubelle-des-pays-riches-303241
14 www.wwf.fr/sites/default/files/doc-2019-06/20190607_Guide_decideurs_Stoppons_le_torrent_de_plastique_WWF-min.pdf
15 comtrade.un.org/data/
16 F. Welle,《 Twenty years of PET bottle to bottle recycling - An overview 》, *Resources, Conservation and Recycling*, 55, 2011, p. 865-875.
17 ec.europa.eu/environment/circular-economy/pdf/plastics-strategy-brochure.pdf

第６章　活発化する環境保護活動

1 www.ipsos.com/fr-fr/fractures-francaises-2019-la-defiance-vis-vis-des-dirigeants-et-des-institutions-atteint-des
2 www.actu-environnement.com/ae/news/chine-interdiction-dechets-europe-29448.php4
3 www.iswa.org/fileadmin/galleries/Task_Forces/TFGWM_Report_GRM_Plastic_China_LR.pdf
4 advances.sciencemag.org/content/4/6/eaat0131
5 resource-recycling.com/recycling/2019/01/29/china-plastic-imports-down-99-percent-paper-down-a-third/
6 www.lemonde.fr/big-browser/article/2019/03/28/aux-etats-unis-des-centaines-de-villes-croulant-sous-leurs-dechets-ne-recyclent-plus_5442790_4832693.html
7 www.la-croix.com/Monde/Asie-et-Oceanie/LAsie-veut-etre-depotoir-Occident-2019-08-04-1201039287
8 ec.europa.eu/environment/circular-economy/pdf/plastics-strategy-brochure.pdf
9 シテオ所長ソフィー・ジュニエとの電話会談、2019年10月1日
10 ユゴー・クレマンによるインタビュー、Konbini News、2019年8月
11 wastetradestories.org/wp-content/uploads/2019/04/Discarded-Report-April-22.pdf
12 ec.europa.eu/commission/sites/beta-political/files/plastics-factsheet-global-action_en.pdf
13 wastetradestories.org/wp-content/uploads/2019/04/Discarded-Report-April-22.pdf
14 特定プラスチック製品の環境負荷低減に関わるＥＵ指令（欧州議会・EU理事会、2018年）

第７章　個々の動きを見てみよう

1 2017年および2018年に著者が実際に受け取ったメール。

【著者】

ナタリー・ゴンタール（Nathalie Gontard）

INRA フランス国立農学研究所アグロポリマー工学新興技術部研究長。モンペリエ工科大学で修士号、博士号取得、のちにモンペリエ第二大学の教授も務める。研究分野はバイオコンポジットの構造･物質移動関係とモデリング、食品･包装システムの統合的アプローチ、環境負荷、バイオマテリアルのエコデザイン、安全性とナノ材料・技術。フランス国内のみならず多くの国際的なプロジェクトに参加しており、現在では、EcoBioCAP EU FP7 と NextGenPack のプロジェクトのコーディネーターや、EFSA の専門家として活躍している。また､多数の優れた業績により 2015 年に第 3 回｢ヨーロッパの星 H2020　(Etoile de l'Europe H2020)」受賞。

エレーヌ・サンジエ（Hélène Seingier）

ジャーナリスト。毎週一つの時事問題を取り上げ、作家や研究者、各界の識者たちの視点から深く掘り下げる週刊紙「ル・アン」の編集委員を務める。

【監訳】

臼井美子（うすい・よしこ）

英語・フランス語翻訳家。大阪大学文学部卒。訳書にジェラード・ラッセル『失われた宗教を生きる人々――中東の秘教を求めて』（亜紀書房）、ローラン・オベルトーヌ『ゲリラ国家崩壊への三日間』（東京創元社）、カトリーヌ・パンコール『月曜日のリスはさびしい』（早川書房）などがある。

Plastique : le grand emballement
by Nathalie Gontard avec Hélène Seingier

プラスチックと歩《あゆ》む
その誕生《たんじょう》から持続《じぞく》可能《かのう》な世界《せかい》を目指《めざ》すまで

2021年3月12日　第1刷

著者…………ナタリー・ゴンタール、エレーヌ・サンジエ

監訳…………臼井美子《うすいよしこ》
訳者…………秋間佐知子《あきまさちこ》
翻訳コーディネート…………高野優《たかのゆう》

装幀…………永井亜矢子（陽々舎）

発行者…………成瀬雅人
発行所…………株式会社原書房

〒160-0022 東京都新宿区新宿1-25-13
電話・代表03（3354）0685
http://www.harashobo.co.jp
振替・00150-6-151594

印刷…………新灯印刷株式会社
製本…………東京美術紙工協業組合

ISBN978-4-562-05874-7, Printed in Japan